国民金融教育之中老年五德财商智慧丛书

专家委员会　　曾康霖　郑晓满　刘锡良　杨炯洋
　　　　　　　　　王　擎　杜　伟　刘　飞

编　　　委　　梁群力　谭媛媛　何海涛　盛　枫
　　　　　　　　　唐　岭　杜　雯　刘唯玮　陈保全
　　　　　　　　　刘晏如

监　　　制　　四川省证券期货业协会投资者教育与服务委员会

国民金融教育之中老年五德财商智慧丛书

中国证券监督管理委员会四川监管局　指导编制

财德仁心永留传

财富传承智慧

4

潘席龙　　祖强　主编

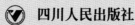

四川人民出版社

图书在版编目（CIP）数据

财德仁心永留传：财富传承智慧 / 潘席龙，祖强主编 . — 成都：四川人民出版社，2021.10
（国民金融教育之中老年五德财商智慧丛书 / 潘席龙主编）
ISBN 978-7-220-12444-0

Ⅰ . ①财… Ⅱ . ①潘… ②祖… Ⅲ . ①中年人—财务管理②老年人—财务管理 Ⅳ . ① TS976.15

中国版本图书馆 CIP 数据核字 (2021) 第 191931 号

CAIDE RENXIN YONG LIUCHUAN:CAIFU CHUANCHENG ZHIHUI

财德仁心永留传：财富传承智慧

潘席龙　祖　强　　主编

出 品 人	黄立新
策划组稿	王定宇　何佳佳
责任编辑	王定宇
封面设计	李其飞
版式设计	戴雨虹
责任校对	李隽薇
责任印制	许　茜

出版发行	四川人民出版社（成都槐树街 2 号）
网　　址	http://www.scpph.com
E-mail	scrmcbs@sina.com
新浪微博	@ 四川人民出版社
微信公众号	四川人民出版社
发行部业务电话	（028）86259624　86259453
防盗版举报电话	（028）86259624
照　　排	成都木之雨文化传播有限公司
印　　刷	四川机投印务有限公司
成品尺寸	170mm×230mm
印　　张	14.5
字　　数	167 千字
版　　次	2021 年 10 月第 1 版
印　　次	2021 年 10 月第 1 次印刷
书　　号	ISBN 978-7-220-12444-0
定　　价	48.00 元

　　"财商"指认识、创造和驾驭财富的智慧。2019 年，西南财经大学财商研究中心率先提出了融合我国传统"五常"与美国财政部"五钱之行"的"五德财商"体系。认为德不仅是财之源，更是保有和用好财富的基本准则。

在五德财商体系中，财德五分、各有其常；五常之行、为财之本。其中：用钱之德源于仁、挣钱之德源于义、保钱之德源于礼、投钱之德源于智、融钱之德源于信。

五常"仁义礼智信"，不仅是判断财经行为是否符合财德要求的标准，比如挣德要求"君子爱财取之有道"；也表明只有符合财德标准的行为才能积累财德，"行善积德穷变富，作恶使坏富变穷"。其他诸德，亦是如此。

全世界 60 岁以上老年人口总数已达 6 亿。全球有 60 多个国家的老年人口达到或超过人口总数的 10%，步入了人口老龄化社会行列。人口老龄化的迅速发展，引起了联合国及世界各国政府的重视和关注。20 世纪 80 年代以来，联合国曾两次召开老龄化问题世界大会，并将老龄化问题列入历届联大的重要议题，先后通过了《老龄问题国际行动计划》《十一国际老年人节》《联合国老年人原则》《1992 年至 2001 年解决人口老龄化问题全球目标》《世界老龄问题宣言》《1999 国际老年人年》等一系列重要决议和文件。

根据联合国人口大会（WPP）预计，2045—2050 年我国人均预期寿命将达到 81.52 岁，接近发达国家平均水平（83.43 岁）。到 2040 年，我国 65 岁以上老人占比将超过 20%，也就是每 5 个人中就有 1 个是 65 岁以上的老人。为此，我国政府再次修订了《中华人民共和国老年人权益保障法》，制定了《"十三五"国家老龄事业发展和养老体系建设规划》，出台了《老年人照料设施建筑设计标准》《无障碍设计规范》等相关政策，积极应对可能出现的各种新问题。

面对老龄化的巨大挑战，只靠政府行动是远远不够的。我们中老年人必须主动行动起来，运用能力、智慧为自己的晚年生活做好充分的准备。随意翻看每天的相关报道和新闻，不难看到老年人投资理财被骗、落入保健品虚假宣传陷阱、遭遇意外失能，或子女因为遗产问题而在老人葬礼上大打出手之类的事件，这表明我们的社会还没有做好迎接人口老龄化的全方位准备。

现在进入中老年阶段的人，多出生于20世纪70年代以前。受时代和社会发展进程的局限，除非自己从事相关专业的工作，大多数中老年人对健康养生以及理财、保险、财产继承等相关领域的知识，都没有接受过系统教育，甚至有许多中老年人误听误信了道听途说、似是而非的信息，凭感觉去处理保健、理财、保险和遗产等问题，给自己和家庭造成了不可挽回的损失。

不可否认，年龄是经历、是阅历、是感悟、是体验，也是我们积累的人生智慧。然而，术业有专攻，时代也在进步。对我们这代中老年人来说，很难真正做到人过中年"万事休"，因为跟不上时代的步伐，就意味着我们真正的"老"了，要被时代淘汰了，自己的养老问题也不再受自己控制而要仰仗他人了。这对我们这一代靠自己拼搏奋斗走过来的中老年人来讲，是很难接受的。

"老吾老以及人之老。"西南财经大学财商研究中心、华西证券股份有限公司和成都爱有戏社区发展中心共同打造了本套中老年人财商智慧丛书。丛书共分四册，分别针对中老年人共同面临的健康管理、投资理财、风险防范和财富传承四个方面的主要问题。

第一册《千金难买老来健》，集中讨论了中老年人的亚健康、心理健康、保健食品、保健用品、医食同源、中老年健身及如何避免各种保健陷阱、误区等问题。

第二册《谁也别想骗到我》，针对的则是中老年人如何识别和规避理财中可能遇到的"杀猪盘"、金融传销、非法集资等骗局，如何掌握中老年人投资理财的基本原则，对中老年人家庭财富的配置方法、常用的一些中低风险金融产品也做了系统的介绍。

第三册《颐养有道享平安》，对中老年人面临的主要风险，如财务风险、疾病风险、意外伤害风险等，所适用的财产和人寿保险、重疾与其他保险的搭配等进行了介绍；对可能存在的保险陷阱、社保与商业保险应如何配合、家庭保险的配置与调整等做了讲解。

第四册《财德仁心永留传》，主要针对中老年人物质与精神财富的传承问题，包括民法典中对继承问题的规定，遗嘱的订立、修改和执行，以及如何防止子女不孝、如何在不同继承人之间做好平衡、如何防止"败家子"等社会现象和问题。

整套丛书都从中老年人身边发生的案例故事讲起，透过现象看本质，在剖析了相关原因后，分步骤地说明了正确的做法。它们既生动、有趣，也有理论性和操作性；既是一套财商"故事书"，更是一套提升中老年朋友财商智慧的工具书。

财德 仁心永留传
—— 财富传承智慧

　　本套丛书既适合中老年读者自己阅读，也可作为中老年朋友之间互相馈赠的礼品，更推荐年轻的子女们买给自己的父母和长辈，让丛书帮助你们来规劝部分"固执"的父母和长辈，在提升全家财商智慧的同时增进家庭的和谐与幸福。

　　丛书付印之际，要特别感谢西南财经大学曾康霖教授、刘锡良教授和王擎教授在本套丛书写作过程中的关心和支持；感谢中国证券监督管理委员会四川监管局的刘学处长在政策方面的指导和把关；感谢华西证券股份有限公司梁群力总经理、唐岭主任的倾力相助；感谢成都爱有戏社区发展中心杨海平先生和刘飞女士的大力支持；最后，要诚挚感谢四川人民出版社王定宇女士在创意、设计和市场规划方面的全力帮助！

　　对丛书有任何建议和批评，诚请联系 panxl@swufe.edu.cn，不胜感激！

2021 年 3 月于成都

第5章　家族信托 ················· 121

—第1章—

C hapter One

传承观念的演变与存在的主要问题

什 么 是 传 承

传承的定义

泛指对某某学问、技艺、教义等，在师徒间的传授和继承的过程；也指对前人的经验进行传授、继承、发扬和发展的过程。

提到传承一词，传什么、承什么，我们的第一反应可能是精神、文化、技艺的传授与继承。

中华文明悠悠几千年，更多的是文化、技能的传承，是精神财富以及传统技艺的传承，我们经常听到的"非物质文化遗产"传承就是属于这一范畴。中央电视台拍摄过一部大型纪录片《传承》，其中记录了从武术、捕鱼、种植中草药，到美食、制盐等种种文化与传统技艺的代代相传、继承和发扬。由于文化与技能本身也可作为一种谋生手段，自然也是极为重要的财富，因此，文化与技能传承本身也可视为财富传承的一部分。

一个国家、一个民族、一种文化共同体的社会传承，无疑十分宏大而壮阔；然而，其最基本的实现方式，却是微观中的一个个家庭、一个个活生生的人。中国正在经历百年未有之大变局，家庭物质和精神财富传承的重要性也愈发彰显。本书正是以一个个家庭或家族的物质和精神财富的传承为基础，为实现中华民族优良传统、宝贵的物质和文化财富的有序继承和代际传递，同时避免传承过程中不必要的风险和成本，确保家庭和睦、社会安定的一种探索和尝试。

（一）传承是人类进步的基础

地球上的生物物种有数百万种，但能建立起现代文明的却只有人类。背后决定性的因素之一，就是人类的后代对先辈有继承和发扬，人类的代际之间，不是简单的重复，而是一代强于一代、一代总是比前一代更进步。正是因为有传承，人类才能从蛮荒走向文明。无论是我们华夏文明，还是遥远的古希腊、古埃及文明，人类之所以能从远古蛮荒社会发展到如今现代化、信息化的社会，重要的基础就在于通过传承而在物质和文化上不断地积累和进步；每一代人都是站在前辈的肩膀上，通过对过往的积累和传承，不断地提升我们的科技和文明。

人类如果没有传承，就会像其他动物一样，一代接一代重复着相同的生存方式，而无法提升生存的质量——现在草原上的狼群和五千年以前的狼群，维持着几乎相同的生存模式；而现代的人类，比照五千年以前的人类，生存和生活方式却发生了翻天覆地的变化。

我们的社会、我们每个家庭，想要规避传承中可能的风险，取得长足的发展，学习和了解与此相关的知识，自然也是十分必要的。

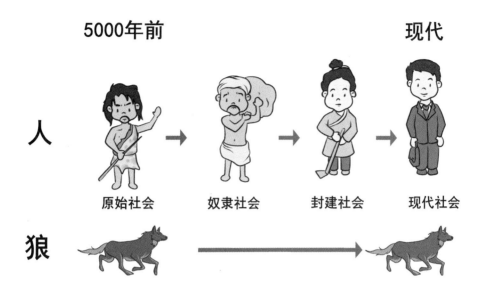

（二）物质财富的传承

提到家庭的传承，我们常常想到的是物质财富传承，也就是一切有关"钱"的传承，这是人类社会传承中最基础的部分，因为物质财富传承能够为后代提供生活所必需的物质支持，是一类"看得见"的有形传承。比如，老百姓会考虑如何将家里的存款和房产传给下一代；企业主会考虑手里的股权和公司经营权如何传承；收藏家则会考虑如何把一生收藏的古玩字画、奇珍异宝等传下去。

物质传承可分为生前传承和身后传承。生前的传承体现在我们在世时为后辈提供的经济支持，例如帮忙买房买车或赠予钱财等；身后的传承，就是当我们离世后，后辈通过继承的方式来获取我们的财产。

什么才是成功的传承呢？其重点在于传承的完整性和意愿性，也就是能不能按我们真实的意愿，将能传的东西都传下去。如果在做传承计划前，没有对家庭财产进行全面梳理，或者没有及时告知家庭成员，或者不了解相关的法律法规，都可能导致传承不完全，或者与自身传承意愿不符的结果。

（三）精神财富的传承

相对于可见的物质财富，精神财富因其具有"无形性"而常常被忽略，或者未得到足够的重视。而事实上，精神财富的传承，一定意义上比物质财富的传承更为重要和恒久。物质财富有可能被抢劫、剥夺或侵犯，而精神财富一旦成功传承，却几乎不再受这些威胁。精神财富就像一只无形的手，维系着整个社会的运转。

精神财富涵盖的范围较为宽泛。对于一个国家来说，语言、文化、艺术、精神和信仰等，都属于这个国家的精神财富；而对于一个家庭来说，所有可能对亲人后代的认知和观念带来积极影响的内容，都可以被归入家庭的精神财富，例如家族文化、信念、经验和方法等。

影响范围较大的精神财富，如中国传统的儒家文化，几千年来以来的恕、忠、孝、悌、勇和仁、义、礼、智、信等伦理理念，引导着我们不断自我完善和提升，造福社会和他人，也维护着华夏的社会和谐和文明发展，到如今依然有着重要的现实意义；而影响范围相对较小的精神财富，如家族文化，通过家族内部世代的沉淀，不断增强成员的凝聚力和认同感，并给予了家族成员一脉相承的精神支撑。

（四）传承更是发展和发扬

传承不仅仅是简单的传递与承接，更在于发展与发扬。

从前一辈手里接过的物质财富，应用于生产和发展，让其为家庭、为社会创造更大的价值。如果当"败家子"挥霍浪费这些财富，甚至倚仗家财为祸一方，那么前辈辛辛苦苦积累的这些财富，不仅无法发挥应有的价值，还会对家庭、对社会带来伤害。

同样，我们从前人那里承接的精神财富也不是为了简单地复制照搬，而要将其进一步发扬，"去其糟粕取其精华"，不断推陈出新，使其更加适应于当下环境。例如，传统儒家文化重农抑商、重人伦轻科技，贴合当时以农业为主的时代环境，在当下的信息科技社会就是需要摒弃的；但儒家文化中的"五常"，即仁、义、礼、智、信，放在如今依然适用，就需要秉承和发扬。本套丛书的"五德财商"体系，正是在传统文化"五常"的基础上，推出财商的"五德"，这既是对传统文化的承接，也是让其更加贴合当下环境的创新，从这个意义上讲，"五德"财商本身就是一种传承。

（五）传承中常见的风险

传承作为一项承前启后的重要安排，需要考虑的维度包括：传承内容或标的、传承对象、传承时间和传承方式等。如果考虑不周，就容易引发诸多风险。

例如，在物质财富传承中，我们如果对传承标的没有清晰的梳理，就容易产生财富遗失的风险；如果对传承对象没有周全的考虑，就容

易引发亲人争产的风险；如果对传承时间、传承方式没有全盘衡量，就容易带来传承成本高、失去财富控制权、财富外流等一系列风险。

同样，在精神财富的传承中，我们也需要把正确的家风家训、文化观念等通过正确的方式传给后代。我们应以身作则、言传身教，在日常生活的点点滴滴当中，潜移默化地影响后代；如果我们说一套做一套，或是宽以律己、严以待人，就会成为坏的典型，传递错误的价值观，造成错误传递的风险。

为此，我们一定不能把传承当儿戏，这是一项需要我们认真对待、周全准备的家庭和家族的重大事件。

二

新时代与"富不过三代"

传承的过去和现在

　　李大妈所在的社区最近正在组织学习《中华人民共和民法典》，特别聘请了专业的律师前来为大家授课，李大妈也报名参加了学习。在学习过程中，李大妈对《民法典》中的"继承编"

非常感兴趣，她回想起自己已逝的奶奶小时候也曾经给她讲过以前在乡下的继承方式，与律师讲的比起来，中间已经有了太多的变化和不同。

Q 财富的多少

过去：奶奶有一个弟弟和一个妹妹，虽然一家五口都务农，却仍然过着吃了上顿没下顿的生活，家中也基本没有什么富余的财产来"传承"。

现在：李大妈夫妇已经退休，家里有两套房子和一辆小汽车，老两口每个月领着退休金，生活过得还算比较富足。李大妈的独子刚刚结婚不久，在长辈的资助下买了房子和车子，儿子和儿媳的工作稳定，慢慢也有了他们自己的积蓄。

🔍 传承的对象

过去：后来，奶奶和妹妹相继出嫁到邻村，分别带着祖上传下来的镯子和戒指作为嫁妆。几年后，奶奶的父母相继去世，按照当时祖上传统的"父继子承"习俗，由奶奶的弟弟一人继承了家中的所有财产。

现在：前几年李大妈的父母相继离世，按照现在男女平等的法律规定，李大妈有一个哥哥，李大妈和哥哥就享有同等的继承权，各得到父母一半的遗产。李大妈这一辈的后代，基本都是独生子女。李大妈老两口的财产，正常情况下也是传给儿子的。

Q 继承的依据

过去：奶奶小的时候，普通家庭的一点钱，许多都是藏在自己枕头下面，或者埋在土里，"偷偷摸摸"地传承。而传承的规矩，则通常是按习俗，或宗族观念和伦理道德，缺乏明确可执行的法律。

现在：前几年，李大妈和哥哥去办理父母的遗产继承手续时，发现目前个人财产登记的程序非常严格，明显感觉自己掌握的法律知识太不够用，特别是在家庭财富的传承过程中，稍不注意，就可能造成家庭财富的外流和损失，甚至导致家庭不和或产生纠纷，李大妈也明白了为什么身边学法律的老人越来越多了。

> 李大妈越学习越发现自己过去对于遗产继承的很多观念都只是想当然，有时还与法律的规定相去甚远。她很庆幸在处理自己的财产前，能接触到相关法律知识，这样就可以有效地避免不必要的传承困境和麻烦。

在我国一直流传着一句话，叫"富不过三代"，而西方国家许多大家族却能富过五代、六代、甚至更多代。"富一代"辛辛苦苦积累的财富，本来可以惠及子孙，但如果传承不当，就反而可能成为"败家子"的依仗，或是子孙们纷争的源头。

经过近半个世纪的改革开放，我国经济发生了翻天覆地的变化。如今，我国正在经历百年未有之大变革，这一切都深刻地影响着我们每个人的日常生活，也深刻地影响着每个家庭物质财富和精神财富的传承。而家庭财富状况和传承方式、法制环境等，都已出现了显著变化。了解这些时代变化，有助于我们更好地解决"富不过三代"问题。

（一）家庭小康化

根据招商银行发布的私人财富报告，一方面，我国居民个人财富总量增长迅猛；我国个人持有的可投资资产总额，从 2006 年的 26 万亿元增长到了 2020 年的 241 万亿元，增长了 9 倍多。

另一方面，财富也呈现出一定的聚集趋势，也就是"有钱人越来越多"，而且越是有钱的人，财富的增长也越快。2020 年底，可投资资产在 1000 万人民币以上的高净值人士有 262 万人，在 14 亿人口中仅占 0.18%；但他们的可投资资产规模占总规模的比例，却从 2006 年

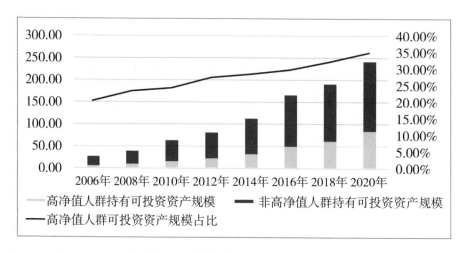

图 1-1　2006—2020 年我国个人持有的可投资资产规模统计图（单位：万亿元）

★ 数据来源：Wind，招行私人财富报告

的 20.31%，增长到了 2020 年的 34.85%，占到了相当可观的比例。

可以说，我国的居民从来没有像现在这样"有钱"过，我国也在 2020 年实现了全面脱贫，完成了小康建设的基本目标。但即便这样，我们的每一份财富，都是自己辛辛苦苦创造出来的，而不是天上掉下来的。如何善加利用、顺利传承，让财富发挥出应有的价值、产生应有的效益，造福自己的家庭、子孙后代，造福于社会和国家，确实是当前一个重大课题。

（二）传承法制化

在私人财富快速增长和聚集的同时，中国的法律制度也在不断完善和发展，为市场经济的持续发展营造了良好的法律环境。

我国历史上第一部正式实施的财产继承法，是 1930 年公布的《中华民国民法·继承编》。继承法经过近一个世纪的不断修改、完善，《中华人民共和国民法典》（以下简称"《民法典》"）于 2020 年顺利通过，并于 2021 年 1 月 1 日起正式实施，这也是中国历史上一个里程碑式的事件。

图 1-2　《中华人民共和国民法典》

《民法典》对公民的人身权、财产权、人格权等做出明确翔实的规定，并规定了侵权责任，明确权利受到削弱、减损、侵害时的请求权和救济权等，明确了"平等保护私人物权"的概念，赋予民众更多"有恒产者更有恒心"的信念，使私人财富的保护和传承有了更好的法律土壤。

有了法律，就意味着家庭的财产传承也需要遵循法律有序进行。过去的宗族习俗和传统观念，比如传子不传女、传儿不传婿等，已经与法律规范相违背了，中老年人如果不了解相关法律的要求，就有可能出现一些预想不到的风险。

（三）家庭小型化

过去数十年来，我国呈现出了"家庭小型化"的趋势。从 1979 年全面实行计划生育政策，到 2015 年全面放开二胎，这之间出生的一代独生子女，正逐渐成为社会的中坚力量。随着独生子女来到社会年龄结构的中间层，家庭结构的小型化也就成了必然。

目前，大部分的中国家庭都是"421"或者"422"的家庭结构：即上面是四个1950—1970年出生的第一代，中间两个是1980—2000年出生的第二代，下面是一个或两个2010年之后出生的第三代。中间的第二代大部分没有兄弟姐妹，而他们的父母一辈大多有好几个兄弟姐妹。

在我们所做的上万人的调查问卷中，有一个问题是：假设有一天你突然离世，你积累一生的财富想留给谁？

99%的人回答说，当然是留给子女。

然而，在当今中国的家庭结构和现行法律下，若不提前做任何传承安排，长辈离世后就只能按"法定继承"来执行，这时子女未必能100%继承其财产；有些子女以外的其他人，比如已经离婚的前配偶、子女的爷爷、奶奶，甚至叔伯、姑姑等，都可能会拥有法定继承权，这就完全可能出现传承结果偏离传承意愿的情况。

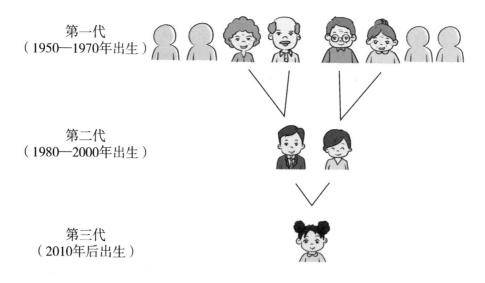

家庭小型化带来的另外一个后果是大家族的概念被逐渐淡化，小家庭的传承诉求往往与传统大家族的观念不尽一致，这也可能引发诸多传承观念和意愿的冲突。例如，部分沿海地区的大家族可能倾向于将财富传承给家族中能力卓越的男性，包括叔伯兄弟，而小家庭则想尽可能在自己的"小家"里传承给自己的子女，而不愿意把自己"小家"的财富，再放回到家族的"大篮子"里去传承。

（四）婚姻脆弱化

根据民政部每年公布的《民政事业发展统计公报》，从 2013 年到 2019 年，我国的结婚率逐年下降，而离婚率却逐年上升。2019 年，中国的离结比（即当年离婚对数除以结婚对数）高达 44%。也就是说，当年有 100 对夫妻结婚，同时就有 44 对夫妻离婚。现代婚姻关系的不稳定性由此可见一斑。

时代在变迁，过去"一生只爱一个人"的婚姻观念已经发生了巨大的变化，种种原因之下，现代年轻人的婚姻确实变得越来越脆弱了，图 1-3 清晰地显示，结婚率在不断下降的同时，离婚率却在不断上升。

对于现代家庭来说，离婚不仅是感情的破裂，更是家庭财产的重新分配；家庭越是富有，这种重新分配的难度和影响也越大。如果没有做婚前或婚内财产协议，离婚时夫妻共同财产原则上应该平均分配；而在没有遗嘱等规划安排的情况下，婚姻存续期间，夫妻任何一方继承得到的财产，都属于夫妻共同财产，离婚时要进行分割。这对于一个家庭或者家族的财富传承来说，无疑具有重大的风险隐患。

试想一下，自己辛辛苦苦打拼了一辈子积累的财富，本来想全部传给孩子，却不小心在孩子婚内意外离世，那么孩子所继承你的遗产，

图 1-3　我国 2013—2019 年结婚率和离婚率变化走势图（单位：百分比）

★ 数据来源：中华人民共和国民政部《民政事业发展统计公报》

如果没有遗嘱界定，都将属于"夫妻共同财产"。如果以后孩子一旦离婚，这部分遗产的一半都要被其配偶分走。如果孩子是因配偶的过错而离婚，那么他（她）不仅在情感上被伤害，在财富上也会被另一半重伤，这绝对不是我们想要的结果。

（五）传承急切化

中国的"富一代"，指的是随着改革开放、市场经济发展而富起来的第一代。他们大多出生于 20 世纪 50—70 年代，经历过中国计划经济下的困难时期，也享受到了市场经济繁荣带来的巨大财富红利。

目前，这批"富一代"的年龄已经到了 50 和 70 岁之间，无论从年龄还是健康状况看，都到了需要考虑财富保护与财富传承问题的窗口期。

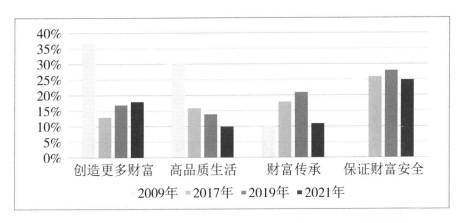

图 1-4　我国高净值人群 2009—2021 年财富目标变化柱形图

★数据来源：招商银行与贝恩公司联合发布的《中国私人财富报告》

根据招商银行与贝恩公司联合发布的《中国私人财富报告》，从 2009 年到 2021 年，高净值人群的财富目标已经发生了很大的变化。十年前，他们更多关注的是如何创造更多财富和享受高品质生活；而近几年，他们对财富传承和保证财富安全的关注度大幅度上升。

2021 年，受疫情和中国经济结构转型影响，高净值人群的传承意愿有所回落，这属于特殊时期的特殊情形。笔者判断，在特殊时期过去后，大家对财富传承的关注度会重新回到较高水平，整体而言，富一代对财富传承的要求已经愈来愈迫切。

以上五个方面的社会环境变化，带来的是中国社会个人、家庭和家族在传承理念和传承实践中的巨大变革。面对这个崭新的时代，如何打破"富不过三代"的魔咒，需要我们的眼界和智慧，更需要完善的法律和法治作为保障。我们要懂得正确的传承方式和理念，同时要有直面目前传承方式中所存在问题的勇气和决心。

三

传统"中国式传承"中的主要问题

（一）想当然地"看不见风险"

> 生日宴上，赵大爷在接受了晚辈们的祝福后，给大家正式宣布了他的传承计划："我和老伴百年之后，打算把城里那套房子给大儿子，把郊区的铺子给小儿子，然后再给孙儿和孙女各10万元的学费，支持他们上大学……"

赵大爷这样当着全家人的面，宣布百年之后财产的继承方式，存在什么问题吗？

大家可能觉得，这挺好的呀，当着全家人的面公开宣布，而且两个儿子、孙儿和孙女都考虑到了，看起来很透明、很公平，应该没有问题吧！

　　可没想到的是，当赵大爷宣布了这个决定后，本来喜庆热闹的生日宴，立刻就冷下场来。小儿子觉得给哥哥的房子在城里，明显更值钱；而哥哥却觉得给弟弟的商铺虽然在城外，但是商铺租金不菲，更有潜力；儿媳心里也嘀咕，自己儿子以后是要出国读大学的，10 万元学费怎么够，现在限购限售房子又不好卖，还不如多分点现钱……

　　赵大爷觉得公平公正的安排，子女心里却不一定认同。其实除了这种关于"公平"性的"肚皮官司"外，还有许多其他问题，是赵大爷没考虑到的。

比如，老两口在百年之前，还可能面临大额的医疗或相关支出，如果现在就宣布了财产的继承，后期如果要花大钱的时候，谁来出？如果都不出钱，该变卖哪些资产？由于财产继承本身并不"平均"，相关费用谁出多、谁出少、比例如何确定？此外，如果不同房产在后期增值幅度不同，是否需要重新进行分配？

所以，这种凭感觉和想象进行的财富传承安排，其实存在很多的漏洞和风险隐患。许多老人家没感觉到有什么问题，殊不知，没有意识到有问题，才是最大的问题。

（二）不了解相关法律知识

> 钱大爷已经快 70 岁了，有一天晚上睡觉前，跟老伴讨论起家中财富传承的事。家里的主要财富就是房子、钱大爷的小说版权和一些现金。钱大爷总觉得，按照传统规矩，财产应该都给儿子；而钱大妈觉得女儿更孝顺懂事，应该分给女儿才对。
>
> 最后，两个人争论得焦头烂额，钱大爷干脆说："要不我们生前就别分了！反正咱们两眼一闭，也就什么都管不着，不用操心了！"

看了上面这个故事，大家想一想，如果钱大爷直接把全部财产赠予儿子，万一儿子挥霍一空怎么办？上当受骗了怎么办？离婚被配偶分走一半怎么办？

如果钱大爷和钱大妈不管不安排，他们百年之后，相应的财产将会怎么分配？这里还涉及版权等无形资产，在继承中会有哪些麻烦？

如果没有明确的遗嘱，按法律就会以法定继承方式处理。理论上讲，儿子和女儿将同等继承相关遗产；而实际上却只有女儿在尽孝，平均分配本身会不会不公平？

以上种种问题，其实都体现出咱们对传承相关法律知识的缺乏。许多老年人受传统观念的影响较深，又缺乏对相关法律的了解，处理传承问题时全凭想象和感觉，一会儿这么想、一会儿那么想，自己也是越想越糊涂，弄得子女也无所适从。更重要的是，因为不懂法律，导致许多潜在的风险根本没有被注意到；这种情况下，无论是"压根不去想"，还是想得焦头烂额，都起不到保护家庭财富和保护子女的作用。

（三）明知有风险而不防范

故 事

　　高大婶去年也参加了社区的财富传承知识讲堂，听完之后感觉收获颇多，但在真正面对自己家庭的传承安排时，又总有些犹豫，迟迟没有开始着手规划，连老师建议的第一步"家庭财产梳理"都没有开始。

　　谁知天有不测风云，高大婶的老伴今年突发心梗离世，悲伤之余，也愁坏了高大婶。因为家里向来是老伴管钱，家里有哪些财产、放在什么地方，在哪些银行存过钱、哪家证券公司买过股票，借过哪些人的钱、借条又在哪里……高大婶一概不知。

　　高大婶隐约记得老伴说过家里财产的总数，可翻箱倒柜找出来的加起来也没有那么多，这真是让她又急又气。眼看两口子一辈子辛苦积攒的钱，就像烟一样消散得无影无踪，高大婶真是后悔莫及呀。

　　对于身后财产的处理和安排，咱们国家的老年人常常受限于三种心理，分别是侥幸、拖延和避讳。

　　侥幸心理，就是明知可能会有风险，却盲目地相信自己运气好，风险不会发生在自己身上；总是没道理地觉得自己会比其他人都"幸运"，而不去采取任何预防措施。比如有些老人常挂在嘴边的一句话"我这个人一辈子行善积德，菩萨会保佑我的"就是典型的这种心理。

拖延心理，即是明知道风险很可能发生，却因为不知道什么时候发生，所以觉得不着急，总是想再等等，等有空、心情好、想明白了再去处理。有时，甚至明明是计划好要去处理的事，却给自己找各种理由和借口，一直拖着不去办，而导致重要的事迟迟没有被落实。

避讳心理，即是忌讳讨论生死问题，对传承也绝口不提。许多人对死亡这个必然的结果，心存恐惧而不愿意面对，觉得提前安排身后事很不吉利，甚至特别怕提及，似乎只要不讨论死的问题，自己就可以长生不老一样。事实上，想一想号称"万岁"的秦皇汉武，哪个不是提前几十年就在为自己修陵建墓？作为普通老百姓，岂不更需要"有备无患"而"未雨绸缪"？

以上几种心理，就好比鸵鸟把头埋进沙子里来躲避危险一样，是非常不理智的。风险客观存在，不会因为我们不去面对就消失；有智

慧的人总是能居安而思危，一方面降低风险发生的概率，另一方面尽量降低风险造成的损失。

生老病死是大自然的客观规律，秦始皇和唐太宗到处找长生不老之法都没能成功，我们普通人又如何能幸免？特别是人年纪大了，许多事就更是说不清。"谁知道明天和意外哪一个先来？"随时对意外和风险怀有敬畏和警惕之心，才是理性的选择。

（四）缺乏寻求专业人士协助的意识

在西方发达国家，面对财富的保护与传承，人们会很自然地聘请律师、会计师、税务师或理财师等专业人士寻求协助，这早已是一种惯例。但在当今中国，有意识向专业人士咨询并寻求专业服务的中

老年人其实并不多，尤其是在传承这类问题上。有些人觉得，这些专业人员似乎就只是说了些话，别的什么都没做，就要自己为"说话付费"，就是"太过分""太黑了"！

"术业有专攻"，任何一个人都不可能什么都精、什么都懂。隔行如隔山，与其自己苦苦琢磨，不如把专业的事交给专业的人，懂得借助他人的专业能力和智慧。这不仅省时省力，还能少走很多弯路，避免在实际操作中陷入误区。

知识是宝贵的、稀缺的，专业人士能针对具体情况，提出中肯的建议，这更是不易。岂不知"听君一席话，胜读十年书"？看似支付了"咨询费"，实际上才是真正智慧和节约的方式，这也是财商智慧的重要内容呢！

四

财教授实操课堂：
您是否有以下继承观念的误区

由于法律知识的欠缺，咱们大多数人对传承相关的法律问题存在不少误区。为此，我们在这里列举了一些在遗产法定继承中的常见问题（见表1-1），大家可以做个简单的自我测评。

表1-1　关于法定继承基础知识的简单测评

	观念	认为是（√）
观念一	独生子女能自动继承到父母的所有财产	
观念二	儿媳、女婿没有血缘关系，分不到自己的遗产	
观念三	婚外的私生子不能分到遗产	
观念四	不赡养老人的子女不能参与遗产分割	

续表

	观念	认为是（√）
观念五	身体硬朗不着急立遗嘱，等感觉快不行了再说	
观念六	要给子女分财产，自己写份遗嘱就万事大吉了	
观念七	立遗嘱必须要被儿女们接受同意才行	

　　如果上面的表 1-1 中，您有两个以上的选项都选的"√"，表明您的相关基础知识还较为薄弱——因为以上观念全部都是错误的。接下来，建议您仔细阅读本书，以帮助您更好地进行家庭财富的传承规划，保护好财产和家人。

科学传承理念口诀

如今早比旧时好，个人财富日益增，

一代辛劳白手起，富过三代靠传承；

物质财富要传递，更要注重是精神，

人类进步靠积累，岂能降格如畜生；

不侥幸来不拖延，理性不避谈死生，

婚姻脆弱压力大，保护子女时不等；

法治社会讲法律，传承知识要提升，

牢记术业有专攻，及时求助专业人。

◆ **五德财商之本章财德**

投钱之德的源于智

投德：传承，本质上也是一种"投资"。前人将物质财富和精神财富交由后人，后人接过这些财富去发展生产，为家庭、为社会创造更大的价值。正确的传承会让财富持续增值，而不是代代贬值、甚至"富不过三代"。如何正确传承物质和精神财富，需要我们运用智慧，去学习了解相关知识，并为子孙后代进行长远的规划和考虑，这样才能为家庭带来长久的幸福。

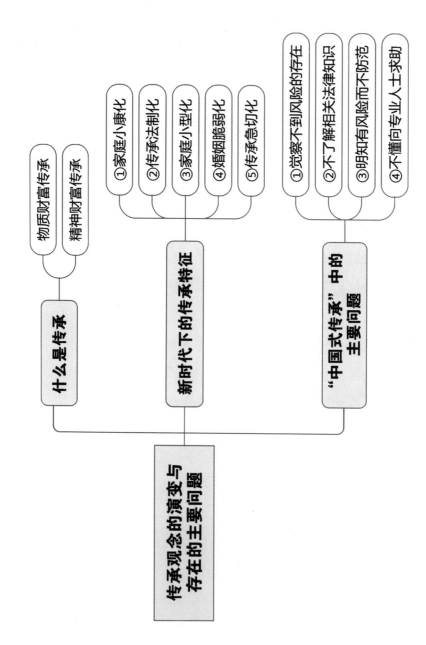

本章知识要点

C
hapter Two ─第2章─

法定继承的风险

什么是法定继承

如果一个人生前没有订立有效遗嘱，那么他所拥有的财产，在他离世后就将按照法律的规定直接进行分配，这就是"法定继承"，其相关规定主要见于《民法典》第六编"继承"中的第二章。

法定继承的定义

法定继承又称"无遗嘱继承"，是指在被继承人没有对其遗产的处理立有遗嘱的情况下，由法律直接规定继承人的范围、继承顺序、遗产分配原则的一种继承形式。

有的人会想，既然相关法律已经有了明确的规定，那是不是就可以像上一章节故事中的钱大爷那样，生前就用不着操那么多心，身后让子女按法律规定处理就可以了呢？

接下来，我们就来探讨一下，法定继承是不是最佳的继承方式？法定继承可能给子女带来哪些风险？完全按法定继承处理，能与自己的传承意愿相符合吗？

法定继承的常见风险

　　法定继承，是生前没有遗嘱和相关安排情况下的一种"被动"的继承方式，虽然有法律规定，但未必就能真实地、全面地体现出当事人的真实意愿和意图，所以，这其实是一种有风险的传承方式。

　　这里，我们从一些真实的案例中整理出了法定继承中最常见的几类风险，希望能对大家有所启发和帮助。法定继承主要可能带来以下几类风险：

（一）财产旁落，他人得利

杭州女孩小丽的故事

　　杭州的小丽是家里的独生女，父亲在 2006 年因病去世，不久后，奶奶因为伤心过度也去世了；2015 年，小丽的母亲也离开了这个世界。父母生前名下的一套价值 300 万元的学区房就留给了小丽。

　　考虑到自己孩子还小，加上办房产过户的手续麻烦，几年来小丽一直没有去办理房产的过户手续。直到 2018 年，小丽眼看女儿快要上小学了，就准备将父母名下的房产过户到自己名下，给女儿办了户口好上学。可去办理公证和过户时，小丽却被告知不能够全额继承这套房产——另有大约十名亲戚都有这套房产的继承权！

　　可这套房产明明就是自己父母生前购买的啊，小丽又是独生女，怎么还会有那么多亲戚有继承权？

　　首先，我们来仔细看看这一案例中的时间顺序（见图 2-1），就能有个初步的认识。

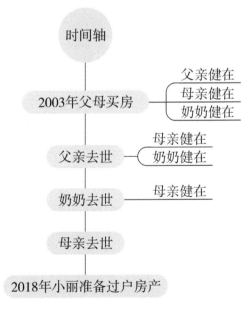

图 2-1　小丽案例中涉及的继承关系

然后，我们结合来看在《民法典》"法定继承"章节中最为核心的两个条款：

《民法典》第一千一百二十七条，关于继承人的范围及继承顺序的规定如下

第一顺序：配偶、父母、子女；

第二顺序：兄弟姐妹、祖父母、外祖父母

继承开始后，由第一顺序继承人继承，第二顺序继承人不继承；没有第一顺序继承人继承的，由第二顺序继承人继承。

《民法典》第一千一百三十条第一款规定

同一顺序继承人继承遗产的份额，一般应当均等。

在本案例中，由于这套房产属于小丽父亲、母亲的婚内夫妻共同财产（若分割各占 1/2 份额），按照上面的时间线和法定继承规定，当小丽的父亲于 2006 年去世时，按照第一顺序继承人"配偶、父母、子女"平均分配的规定，父亲所拥有的这套房产 1/2 的份额，就由小丽奶奶、小丽妈妈和小丽 3 人平分，即每人各继承 1/6。然后，小丽的奶奶 2007 年去世，奶奶的 4 个子女再对奶奶的这 1/6 进行平分；其中，又涉及夫妻共同财产、代位继承等诸多次分配。最后，小丽的母亲去世，母亲的 1/6 再次进行分配……最终，小丽这套房产的分配情况如图 2-2 所示：

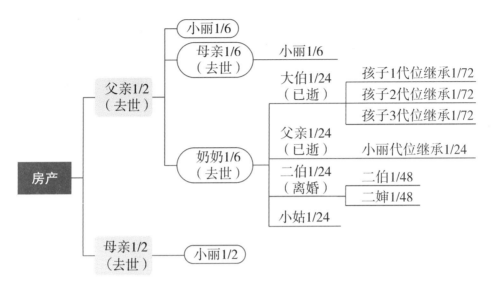

图 2-2　小丽案例中的房产继承比例

　　一套房产，竟然牵扯到十多名亲属！从图 2-2 中可以看到，如果按法定继承，小丽在法律上能继承的比例是八分之七！另有八分之一的权益，是属于其他亲戚的。如果小丽想要顺利过户，则需要上图中所有在世的其他法定继承人到场，并全部表示放弃继承权，这无疑也是一项巨大的"工程"！如果这些亲戚不放弃继承权，则意味着小丽必须按比例支付这些亲戚 37.5 万元后才能正常过户。

　　幸运的是，经过一番折腾，小丽的亲戚们都放弃了继承权，小丽最终顺利将房产过户到了自己名下。但试想一下，如果这不是 300 万的遗产，而是 3000 万甚至 3 个亿呢？其他继承人还会轻易放弃继承权吗？

　　小丽这个案例中，之所以会这么复杂，原因就是案例中所有的亲属都没有订立遗嘱，也就是说，都是按照法定继承来进行分配的。而

法定继承中最基础、最核心的原则就是：顺位和均等。由于小丽的父亲先于奶奶去世，导致了她爸爸的兄弟姐妹有权继承她爸爸这一半房产中的一部分，加上她父亲这一辈有 4 人，相应的继承关系就变得非常复杂了。

由此可以看到，当初为了省事或忌讳等原因而不愿意立遗嘱，在后期反而更为复杂和省不了事。所以，面对家庭传承，务必要理性地思考。

（二）子女离婚，分割遗产

马先生与张女士的离婚案

2016 年，北京的马先生与妻子张女士感情不和，准备协议离婚。就在双方就夫妻共同财产达成分割协议的前夕，张女士的代理律师发现，马先生的父母在 2008 年曾获得过一笔 550 万元的拆迁款。这笔钱放在马先生父亲的账户下，买成了基金，2016 年这些基金价值 830 万。由于马先生的母亲是于 2012 年两口子婚内去世的，张女士应分得的财产一下子就多出了 103.75 万！

在没有任何提前安排的情况下，子女离婚会分割婚内父母留下的遗产吗？答案是，当然会！《民法典》中关于夫妻共同财产继承权的相关规定如下：

《民法典》第一千零六十二条、第一千零六十三条规定

　　夫妻在婚姻关系存续期间继承或受赠的财产属于夫妻共同财产；但遗嘱或者赠予合同中确定只归一方的财产除外。

　　在上面的故事中，马先生的父母生前没有订立遗嘱，马先生也没有签订婚内财产协议，而马先生的母亲又是在他婚内去世的；因此，马先生离婚时另一半有权分割他所继承的母亲的遗产。

　　结合上一小节和这一小节所讲《民法典》中的内容，这笔拆迁款的分配情况如图 2-3 所示：

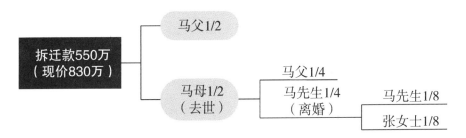

图 2-3　马先生母亲遗产分割示意图

　　所以，张女士与马先生离婚，应该分得这笔拆迁款现价的 1/8，即 103.75 万元。最终，经过律师协调，马先生同意额外补偿 80 万元给张女士，双方达成离婚协议。

　　综上所述，如果没有在遗嘱或赠予合同中作明确约定，则继承或受赠得来的财产都属于"夫妻共同财产"；如果离婚，这部分财产就要作为共同财产予以分割。从马先生家族的角度来看，由于马母去世

时没有遗嘱，马先生按照法定继承得到的遗产，属于夫妻共同财产，这无疑导致了马先生离婚成本的上升，造成家族财富的流失。

现如今，离婚率不断攀升，年轻人的婚姻越来越不稳固。而在代际财富传承中，如果父母没有订立遗嘱，或赠予时没有合同来做明确约定，则子女一旦面临离婚，就可能出现家族财富流失的情况，这需要我们特别注意。

（三）财富遗失，下落不明

侯耀文遗产风波

2007 年 6 月，著名相声演员侯耀文突发心脏病在北京去世，享年 59 岁。侯耀文先生离世时处于离异状态，他跟两任前妻各育有一个女儿。由于侯耀文生前未订立遗嘱，两个女儿对父亲的财产状况也并不了解，就此引发了后续一系列的麻烦和纠纷。

女儿在清理侯耀文遗产的过程中发现，他生前的存款、古玩收藏等财产，因缺乏整理没有清单，认为在继承的过程中大量遗失，下落不明。照此，两个女儿仅能分到父亲一套尚有 330 余万贷款未还清的玫瑰园别墅。

若不还清银行贷款就无法继承房产，女儿为了凑钱还贷，曾查遍别墅方圆 20 公里的银行，却仅找出父亲 100 多万的存款，还远不足以清偿贷款。

接下来的一年半里，两个女儿经过一系列的诉讼，试图用各种方法查清和追回父亲下落不明的遗产。最后按网络资料讲，侯耀文的徒弟郭德纲以 2000 万元的价格出手买下了玫瑰园别墅，还清了银行欠款，促成了侯家遗产分割的和解协议达成，此案最终以和解方式结案。

当年郭德纲出手买下玫瑰园，按郭德纲的说法，是出于对师傅的感恩和回报，帮助其家人达成和解，网上也有许多不同说法，这里不赘述。而目前，这栋玫瑰园别墅价值已经超过 5000 万元。站在侯耀文家庭财富传承的角度来看，由于长辈在生前没有做好财富传承规划，没有遗嘱等财产安排，大量财产因缺乏清单而下落不明，家庭财富在传承过程中出现严重流失，这是每个被继承人都不愿意看到的结果。

看了上面这个案例，您有没有想过，万一有一天自己突然离世，家人知道您在哪些银行有存款、在哪家证券公司有股票吗？知道您的贵重物品有多少、都保管在什么地方吗？知道您给亲戚朋友借出过多少钱、借据都放在哪里吗？知道您有多少张保险单，有多少保额吗？……

以上只要有一个问题的答案为否，那么您的亲人就可能在继承过程中面临家庭财富下落不明的风险。及时整理家庭财产清单，不仅能够帮助自己了解家庭财产情况，也能在财富传承时有可以参照的依据；对于整理好的财产清单，也要适时告知信任的亲人，以避免意外造成家庭财富流失。

（四）股权分割，家族内斗

山西焦炭大王家族遗产纠纷

阎吉英先生曾是山西知名企业家，人称"山西焦炭大王"，他名下的家族企业三佳集团曾是总资产达 270 多亿元的地方龙头企业。2015 年 6 月，阎先生因病去世，生前未立有遗嘱，也没有任何传承安排。

阎先生生前与法定妻子曹女士育有 5 名子女，子女们担任着集团子公司大股东，或集团公司高管；阎先生还与"二房"情人郭女士育有 2 名子女，郭女士担任着集团的财务总监、副董事长，也是集团的大股东之一。

阎先生去世后，两位"妻子"和 7 名子女对股权展开了激烈的争夺。据公开报道，阎先生去世后两个月，集团就发生家族内讧，集团财务电子系统被切断、拷贝，纸质资料被搬走，这场内讧导致其旗下十多个分公司和子公司瘫痪，惊动了当地警方。三佳集团所在地的市政府多次出面组织协调无果，关于阎先生持有三佳集团 60% 的股权继承纠纷事宜，只能诉诸法院。

此后的数年，阎氏家族和集团官司不断，当事人无心经营，相关企业一直处于停工停产状态，而集团所欠的债务却不断累积。集团约 73 亿债务在阎先生去世后相继到期，无法偿还，债权人纷纷起诉，加上复利和罚款，欠款总数累计超过 100 亿，整个家族集团已临近破产边缘。

　　造成这场混乱的原因，与生前获得无数荣光的阎先生不无关系。由于生前没有选定企业接班人，也没有留下遗嘱等财富传承安排，使得家族企业陷入混乱，终生奋斗积累的家族财富也付诸东流。不得不说，创富难，守富、传富在一定程度上更难。

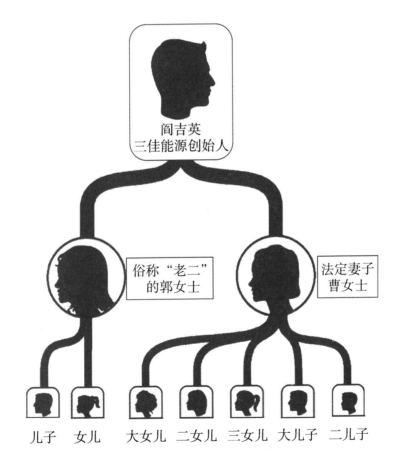

图2-5　阎吉英家庭结构图

 《中华人民共和国公司法》第七十五条规定

　　自然人股东死亡后，其合法继承人可以继承股东资格；但是，公司章程另有规定的除外。

　　高净值人群的财富形式，除了不动产和现金、债券等，还有一类占比较大的资产就是公司的"股权"，尤其是家族企业的股权。股权作为遗产，在法定继承时也将面临分配的问题，而这一类问题通常涉及关联方较多，利益关系复杂，极易产生纠纷。

　　同时，股权的价值与企业经营状况息息相关，只有当企业运营良好、产生盈利、能给股东分红时，股权才有价值；如果因为股权继承纠纷导致企业业务停摆、业绩亏损甚至倒闭，则股权的价值也会下降甚至归零。因股东离世，股权继承出现问题或纠纷，将直接影响整个家族企业的经营、甚至是存亡，就像案例中阎吉英先生创立的三佳集团一样。对那些拥有企业的中老年人，为确保股权的正常传承、减少股权传承对公司经营的不良影响，是需要提前规划，甚至需要聘请专业人士参与做长期和远期规划的。

（五）法定继承的其他风险

　　除了以上几种常见的风险之外，法定继承还有其他风险，如继承成本风险、债务风险等。

1. 继承成本风险

继承成本风险，是指法定继承存在继承成本较高的风险。这里的继承成本不仅是税费成本，还包括时间和精力成本。

以房产的法定继承为例，若要过户继承房产，必须所有健在的法定继承人到场，需要携带的证明材料含：被继承人的死亡证明、结婚证、人身档案表；被继承人父母的死亡证明；继承人的身份证、户口本、与被继承人的亲属关系证明等，手续十分繁复。

上面杭州小丽的案例中，若所涉及的近十位亲属遍布全国、甚至全球各地，那么仅交通费一项支出就相当可观，更不用说所有亲属需要办理相关手续所花费的时间、精力。另外，小丽花在沟通上的时间和精力也不容忽视，其间如果有任何一名亲属不配合，其沟通成本也会大幅增加。

2. 债务风险

债务风险，是指法定继承的过程中，继承人因为被继承人的债务而无法完整继承，或不得不放弃继承的风险。

> **《民法典》第一千一百六十一条，被继承人税款、债务清偿的原则**
>
> 继承人以所得遗产实际价值为限清偿被继承人依法应当缴纳的税款和债务。超过遗产实际价值部分，继承人自愿偿还的不在此限。继承人放弃继承的，对被继承人依法应当缴纳的税款和债务可以不负清偿责任。

这类风险多出现在家族企业。企业主在经营过程中，难免会承担债务或担保，而大多数企业的经营发展并未做到"家企分离"，也没有及时构建家庭和企业之间的财富防火墙。一旦发生债务风险，就会让继承人不得不放弃继承遗产，辛辛苦苦积累起来的家业可能就此断代；对企业法人财务独立性不足的家族企业，甚至面临刺破有限责任保护，也就是不再受有限责任保护而必须承担无限责任的可能。

综上所述，法定继承风险的核心是顺位和平均，其执行结果与个人意愿、家族利益常常存在矛盾。简单来说，就是法定继承的规则只是普遍意义上的合理和公平，并不能满足个人及家庭（家族）的实际需求和愿望。所以，为了规避法定继承可能带来的种种风险，为了家族的兴盛和子女的幸福，我们需要了解与继承相关的法律知识、常用的传承工具，及时做好财富传承的安排。知道了以上法定继承的种种风险，如果我们不想按照法定继承来进行传承，我们就需要选择其他的传承方法和工具。

目前，常用的传承工具有遗嘱、保险和家族信托三大类。不同的工具，有着各自不同的特点，适用于不同的人群。关于这三类工具的详细情况，我们将在后文中分专章讨论，大家可以根据自身的需要选择使用。

财教授实操课堂：
梳理您所面临的传承风险

了解法定传承的风险后，我们自己的家里是否存在传承风险呢？大家可以通过表 2-1 简单进行自我测试。

表 2-1　传承风险自我测试

风险类型	自测问题	是（√）否（×）
自身风险	您知否全面梳理过您和您老伴名下所有财产的情况？	
	您的子女是否知晓您和您老伴所有财产存放的位置？（如在哪些银行有存款、在哪些证券公司有股票、贵重物品保管在哪里；如果涉及加密的，是否知道密码等）	

续表

风险类型	自测问题	是（√）否（×）
子女风险	您子女的婚姻是否稳固？	
	您的子女是否签署有婚前或婚内财产协议？	
	您子女另一半家庭是否门当户对或者更优？	
企业风险	您的家庭、个人账户和企业账户是否完全隔离？	
	您的企业是否已偿清所有债务、担保？	

以上问题若有选择"否"的，您可能在对应的方面存在传承风险，建议您及时采取措施，在专业人士的协助下，降低或规避传承风险。

法定继承常见风险口诀

没有遗嘱即法定，看似公平有隐患，

家庭财富好多种，不经梳理一团乱；

亲人不知钱在哪，下落不明找回难，

婚内继承无遗嘱，一旦离婚分一半；

涉及股权更麻烦，价值连带经营权，

提前安排益处多，理性规划防风险。

◆ 五德财商之本章财德

保钱之德源于礼

保德：要保护我们的家庭财富在传承中不受损失，就需要明白法律的重要性，并主动去学习与传承相关的法律知识。因为法律即"规则"，是我们需要遵守的社会之"道"。只有了解法定继承的规则才能明白，如何通过合理的提前安排，避开规则中潜藏的风险，在传承中保护好自己和家人；否则就可能让家庭财富暴露在未知的风险当中。

本章知识要点

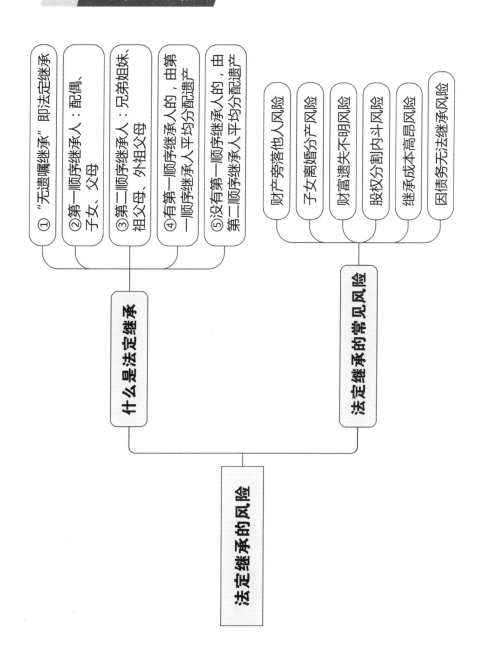

① "无遗嘱继承" 即法定继承

② 第一顺序继承人：配偶、子女、父母

③ 第二顺序继承人：兄弟姐妹、祖父母、外祖父母

④ 有第一顺序继承人的，由第一顺序继承人平均分配遗产

⑤ 没有第一顺序继承人的，由第二顺序继承人平均分配遗产

什么是法定继承

财产旁落他人风险

子女离婚分产风险

财富遗失不明风险

股权分割内斗风险

继承成本高昂风险

因债务无法继承风险

法定继承的常见风险

法定继承的风险

第 3 章

Chapter Three

遗嘱传承

什么是遗嘱

吴老伯的字条

吴叔的母亲很早以前就去世了，父亲吴老伯也因为中风、瘫痪一年后离世。吴叔在整理父亲的遗物时，在床头柜里发现了一张字条，仔细一看，是父亲生前写下的遗嘱。父亲在字条上用歪歪扭扭的字迹写明：离世后自己的两套房产都归吴叔所有，存款由两个姐姐平分；并在落款处留下了日期、签名和指印。

吴叔是吴老伯的小儿子，上面还有两个姐姐。两个姐姐得知了遗嘱的事，觉得分配很不公平，对遗嘱提出了质疑，三兄妹因此闹到了法院。

在法庭上，经过笔迹鉴定，遗嘱确为吴老伯的亲笔手书。但两个姐姐举证，遗嘱日期是在父亲脑中风之后，父亲的意识不清

晰，这份遗嘱不是他自己的真实意思。经过法庭质证，姐姐们的举证被确认为事实。最终，法院宣判遗嘱无效，将按法定继承来分配吴老伯的遗产。

遗嘱，是对自己去世后财富传承的意愿表达。在英语中，通常用"will"一词表示遗嘱，可见遗嘱的核心词意是"意愿"。我国《民法典》明确规定：遗嘱继承优先于法定继承，也就是说，如果立有遗嘱，继承就不再按照上一章节中所讲的"法定继承"来进行，而是依照遗嘱的内容来执行。这也保障了人们按意愿分配自己遗产的权利。

《民法典》第一千一百二十三条

　　继承开始后，按照法定继承办理；有遗嘱的，按照遗嘱继承或者遗赠办理；有遗赠扶养协议的，按照协议办理。

　　遗嘱是一种最基础、最广泛的传承法律工具；只要涉及财富传承，首先一定需要一份专业、有效的遗嘱，因为只有遗嘱这一工具能够覆盖被继承人全部资产的传承意愿。

　　根据《中华遗嘱库白皮书》（2020）的统计数据，中国立遗嘱的比例不足 5%。这个数据表明，大多数国人尚缺乏立遗嘱的意识和观念。在欧美国家，立遗嘱是一个普遍的行为。据美国一项对 5 个州的调查数据统计，美国 65 岁以上的人群中，有 85% 立有遗嘱。

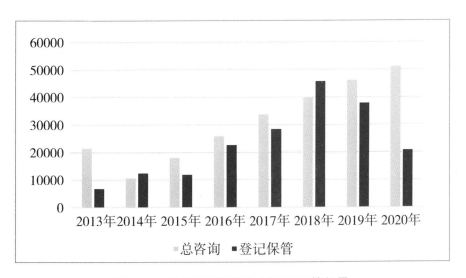

图 3-1　历年遗嘱总咨询与登记保管数量

★ 数据来源：《中华遗嘱库白皮书》（2020）

随着遗嘱观念和普法教育的深入，近年来，有关于遗嘱的咨询量有逐步上升趋势。根据中华遗嘱库的数据，2020 年登记保管遗嘱量达 20822 件；尽管受新冠疫情影响，该数据对比 2019 年有明显下降，但疫情后相关的咨询数量不降反升，这也侧面说明了人们对立遗嘱愈发重视。预计疫情后，遗嘱的登记保管量将会有明显提升。

据我国最高人民法院统计，在全国审理的遗产继承案件中，被确认为无效的遗嘱高达六成，也就是说，有约 60% 的遗嘱被法庭认定是无效的。老人自书遗嘱无效的情况比比皆是，这也反映了大多数人在遗嘱相关法律知识方面的缺失。

遗嘱作为一种有法律效力的文书，不管是西方英美法系国家，还是中国、日本等大陆法系国家，对遗嘱的形式要件都有严格的规定——遗嘱并不是随便写写就有效的。

根据《民法典》规定，遗嘱有六种法定形式，分别是：自书遗嘱、代书遗嘱、打印遗嘱、录音录像遗嘱、口头遗嘱和公证遗嘱。接下来我们就来逐一为大家介绍，如何有效地订立这些形式的遗嘱。

遗嘱的类型与特点

（一）自书遗嘱

自书遗嘱，就是由遗嘱人自己书写的遗嘱。自书遗嘱必须符合以下要求：

第一，由遗嘱人亲自书写；

第二，须有遗嘱人亲笔签名，并注明年、月、日。

那如果写的不是"遗嘱"，而是"遗书"，是否有相同效力呢？根据《继承法意见》第 40 条的规定，公民在遗书中涉及死后个人财产处分的内容，确为死者真实意思的表示，有本人签名并注明了年、月、日，又无相反证据的，可按自书遗嘱对待。所以，符合条件的"遗书"是可以被看作是遗嘱的。

自书遗嘱最大的特点就是方便，不需要见证人就当然地具有遗嘱的效力。但是在实际的继承案例中，自书遗嘱最大的问题也在于此。

当遗嘱人去世后，谁能证明这是其亲笔书写的遗嘱呢？谁又能证

明其书写遗嘱的时候精神状态正常、符合完全民事行为能力人的要求，而且没有受到任何的胁迫，完全是其真实意愿的表达？万一再出现些不一致的证据，问题就可能变得更加复杂。

因此，自书遗嘱虽然最简单、方便，却具有一定的局限性，我们需要谨慎选用。

（二）代书遗嘱

代书遗嘱就是由他人代笔书写的遗嘱。代书遗嘱通常是在遗嘱人不会写字，或因身体原因不能写字的情况下不得已而采用。代书遗嘱必须符合以下要求：

第一，须有两个以上见证人在场见证；

第二，须由遗嘱人口授遗嘱内容，并由一个见证人代书；

第三，须代书人、其他见证人和遗嘱人在遗嘱上签名，并注明年、月、日。

我们要特别注意的是，在所有需要见证人的遗嘱中，继承人并不能充当"见证人"，而且见证人必须跟继承人、受遗赠人没有利益关系，也就是说，见证人需是没有利益关系的"外人"。

常见的做法是请公证机构的工作人员作为见证人订立遗嘱；必要时，还可以在订立完成后进行公证。尽管公证不是必要程序，但有公证机构作为见证人，对遗嘱的真实性、有效性无疑是多一份保障。这可以有效避免代书遗嘱如果见证人不足两人，或见证人的条件不符合法律规定，其遗嘱的效力受到质疑。

（三）打印遗嘱

打印遗嘱是指遗嘱人通过电脑制作文档，打印机打印出来的遗嘱，是《民法典》中新增的遗嘱形式。

打印遗嘱必须符合以下要求：

第一，打印遗嘱应当有两个以上见证人在场见证；

第二，遗嘱人和见证人在遗嘱每一页签名；

第三，注明年、月、日。

目前，由于电脑和打印机的普及，打印遗嘱占比越来越高。相对来说，打印遗嘱不会存在字迹不清晰、难以辨认等问题，也可以成为一种优化的选择。但要注意的是，遗嘱人和见证人，都必须在每一页

上签字，而不是只在落款处签字，也不是只有遗嘱人本人签字，请务必注意这个细节。

（四）录音录像遗嘱

录音录像遗嘱是用录音录像设备录制下来的口述遗嘱。

录音录像遗嘱必须符合以下要求：

第一，有两个以上见证人在现场见证，且见证人应当在录音录像中记录其姓名或者肖像以及年、月、日。

第二，由遗嘱人亲自叙述遗嘱的内容，内容应当具体，对有关财产的处分应当说明财产的基本情况，说明财产归什么人继承；遗嘱人应在录音录像中记录其姓名或者肖像以及年、月、日。

第三，遗嘱人、见证人将有关资料封存，并签名、注明日期，以确定遗嘱的订立时间。

第四，在继承开始后，应在遗嘱见证人和全体继承人到场的情况下，当众启封、开启录音录像遗嘱，以维护录音录像遗嘱的真实性。

具备以上法定形式要件的录音录像遗嘱，才具有法律效力。录音录像遗嘱是极其容易被剪辑、删减的，用形式要件确保其真实性、完整性是保障其法律有效性的基础条件。

录音遗嘱在之前的《继承法》中就有，而录像遗嘱是《民法典》新增的遗嘱形式。新增录像遗嘱，也是顺应了时代的发展进步，智能手机等录像设备的普及，使得录像遗嘱也成为可选择的法定形式之一。

现在许多中老年人会熟练使用智能手机，建议采取这种方式留遗嘱时，在录制好后找律师等专业人员做形式审查，看是否符合法律要求，再按前面法律规定进行封存。录音录像遗嘱的后续保管也要特别小心，由于是电子文档，切记防范遗失、损毁、篡改等风险。

（五）口头遗嘱

口头遗嘱是由遗嘱人口头表达、并不以任何形式记载的遗嘱。

口头遗嘱必须符合以下要求：

第一，口头遗嘱只能在遗嘱人处于危急情况下才可以采用；危急情况消除后，遗嘱人能以书面或者录音录像等形式立遗嘱的，之前所立口头遗嘱无效。

第二，应当有两个以上见证人在场见证。

口头遗嘱完全靠见证人表述证明，极其容易发生纠纷。因此，除非遗嘱人处于紧急情况下，且有两个以上见证人在现场见证，口头遗

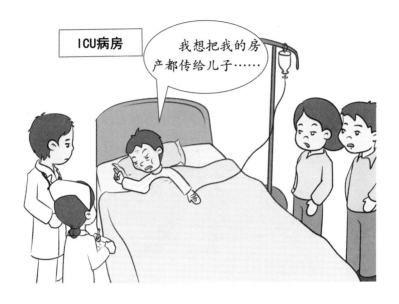

嘱才被法律所承认。一般情形下，口头遗嘱是无效的遗嘱形式。

　　这也是为什么"临终前再来立遗嘱"的观念并不可行，一是临终前很难有清醒的意识和清晰的表达，二是到时候是否能迅速找到两个满足以上条件的见证人也是一个问题。

（六）公证遗嘱

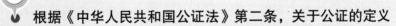

根据《中华人民共和国公证法》第二条，关于公证的定义

　　公证是公证机构根据自然人、法人或者其他组织的申请，依照法定程序对民事法律行为、有法律意义的事实和文书的真实性、合法性予以证明的活动。

公证遗嘱，就是由遗嘱人经公证机构办理的遗嘱。办理公证遗嘱需要：

第一，立遗嘱人需携带身份证明材料，亲自前往公证处办理；

第二，立遗嘱人需要提供立遗嘱涉及的所有财产凭证，如房产证、存款证明等；

第三，立遗嘱人需要提供相关亲属关系证明，以及婚姻状况证明。

公证遗嘱由于经过公证机构的把关，相对来说会更加的严谨，出现无效遗嘱的情况也会大大降低。

最新的《民法典》取消了原《继承法》第二十条第三款的规定"自书、代书、录音、口头遗嘱，不得撤销、变更公证遗嘱"，也就是取消了之前"公证遗嘱效力优先"的条款，而改为对各种形式的遗嘱"一视同仁"。这时候，如果遗嘱人立有数份遗嘱、内容存在抵触的，就以最后订立的遗嘱为准，这也是为什么所有的遗嘱都要求注明日期的原因。

立遗嘱的注意事项

在运用遗嘱这一工具的时候，有一些注意事项，我们在下面为大家简单介绍。

（一）不同遗嘱如何选择

首先，面对六种不同形式的遗嘱，我们应该如何选择遗嘱的形式呢？我们把六种形式遗嘱的特点大致归纳为以下六种（见表 3-1）：

表 3-1　六种形式遗嘱的特点

遗嘱形式	适用情况	额外参与者	费用
自书遗嘱	广泛适用（除文盲或者身体过于虚弱无法写字时）	无须	几乎不产生费用

续表

遗嘱形式	适用情况	额外参与者	费用
代书遗嘱	广泛适用	至少2名见证人	
打印遗嘱			
录音录像遗嘱			
口头遗嘱	仅限于危急情况		
公证遗嘱	广泛适用	公证处工作人员	需要公证费

可以看到，除了口头遗嘱仅适用于危急情况之外，我们大多数人都可以灵活选择所立遗嘱的形式。但是，由于立遗嘱本身具有一定的专业性，所以建议大家尽量在专业人士或专业机构的指导下进行，否则很容易造成遗嘱失效或部分失效。这里的专业人士主要指律师，而专业机构主要有公证处、遗嘱库等。

（二）立遗嘱失败的常见原因

明明立了遗嘱却没能发挥作用，相信这样的情况是每个立遗嘱人都不愿意看到的，然而在现实中，立遗嘱失败的情况却时有发生。接下来，就为大家分析几种立遗嘱失败的常见原因。

1.形式要件不符合要求

所谓形式要件，就是法律、行政法规对文件或合同形式上的要求。遗嘱作为一种具有法律效力的文书，必须严格满足法定形式要件的要求；如果法定形式要件缺失，或不符合要求，就容易造成遗嘱失效。

以较为典型的"遗嘱见证人"为例，代书遗嘱、打印遗嘱、录音录像遗嘱和口头遗嘱必须有两个以上的见证人，在订立遗嘱的现场进行见证；并且，见证人必须满足以下两个要求：

第一，见证人必须是完全民事行为能力人（即年满 18 周岁且精神健康的公民；或年满 16 周岁不满 18 周岁，以自己的劳动收入作为主要生活来源的精神健康的公民）。

第二，见证人必须是与继承人、受遗赠人无利害关系的人。

在实际订立遗嘱过程中，如果没有见证人，或见证人与继承人、受遗赠人存在利害关系，就不符合法律要求。例如，老人家想要订立代书遗嘱，那么他的儿媳、女婿就不能充当见证人，因为跟他的继承人——儿子或女儿存在着利益关系。当然，继承人本人（如配偶、子女、父母等）也就更不能充当见证人了。

除此以外，还有对签名、日期等方面的细节要求，前面已经讲过，但在具体操作时，却很容易出现不符合要求的情况，需要务必小心。

2. 内容表述不准确

订立遗嘱其实对法律文字功底是有一定要求的，因为遗嘱作为一种法律文书，必须有非常准确无误的意思表示，并且要准确表达出自己的传承意愿；否则，就容易因为歧义造成遗嘱无效或存在争议。我们来看看下面的案例。

以下是从两份真实遗嘱中截取的表述：

案 例

表述 1：“待我去世后，自愿将上述房产中属于我自己的份额留给我女儿刘 × 一人继承，他人不得干涉。”

> **表述 2**："在我名下有一套房子，因为其属于夫妻共同财产，所以我有二分之一的份额。我去世后，我所有的二分之一给我的养女 ×× 继承。"

上述两段表述，乍一看好像没有什么问题，但其实都是存在歧义的表述。

表述 1 中，立遗嘱人的意愿是房产由其女儿一人继承，不作为夫妻共同财产；而"他人不得干涉"这句话，并没有清晰表达出立遗嘱人所想要表达的意思，还可以理解为"他人不得干涉我把房子留给女儿的行为"。

表述 2 中，最后一句话，究竟是指"我所拥有的房产（共同财产的二分之一）"还是"我所拥有财产的二分之一（共同财产的四分之一）"给养女继承，就有两种可能的解释，存在歧义。

在法律上，任何存在歧义、模棱两可的文字，都可能南辕北辙，导致遗嘱被判无效或部分无效。如果自书遗嘱的意思表示有歧义，不但不能实现自己的传承意愿，还可能留下纠纷隐患，引发亲人反目，这都是我们需要特别注意的。

3. 遗嘱内容不符合法律规定

法律虽然尊重遗嘱自由，但如果遗嘱的内容出现了不符合法律规定的情况，也会造成遗嘱无效或部分无效。

比如遗嘱不能违背公序良俗，否则可能被判决无效。"公序良俗"在法律界是一个模糊地带，并没有准确定义，但却是实实在在的一条红线，不得违反。

举个例子，一个人如果想要立遗嘱或遗赠，将财产分给法定妻子之外的"小三"，就可能会因"违背公序良俗"而造成遗嘱或遗赠无效。我们来看下面这个案例。

案 例

2021年3月26日，裁判文书网公布了一份广东省深圳市中级人民法院民事判决书，该判决书向大众讲述了一个因家庭不和、保姆成丈夫遗嘱继承人的故事。

立遗嘱人刘某在婚姻关系存续期间，因与妻子不和分居，与保姆杨某同居生活17年，其间一直未跟妻子办理离婚手续。刘某生前立下自书遗嘱，提及自己价值近4000万元的三套房产，死后全部由保姆杨某继承。刘某因病去世后，妻子和杨某就其遗嘱是否合法有效展开了诉讼。

二审判决中，深圳中院认为，即便是事出有因，刘某和保姆杨某长期同居，并超出日常生活需要对夫妻共同财产进行处分，单独将大额夫妻共同财产赠予他人，这些行为都违反了《中华人民共和国民法典》的规定。同时，保姆杨某明知刘某有配偶，依然与其长期同居并接受大额财产的赠予，显然也不能视为善意第三人而受到保护。

依照《中华人民共和国民法典》第一百五十三条第二款"违背公序良俗的民事法律行为无效"、第一百五十五条"无效的或者被撤销的民事法律行为自始没有法律约束力"之规定，刘某的遗赠行为应属无效民事法律行为。因此，保姆杨某关于确认遗嘱合法有效及继承涉案三套房产的诉讼请求，没有法律依据，法院不予支持。

除了上面的情况之外，遗嘱也不能处分不属于自己的财产，这其中最典型的就是夫妻共同财产。丈夫或妻子立遗嘱，只能在遗嘱中处分夫妻共同财产中属于自己的这部分财产，而不能把配偶的那部分也连带一起安排了，配偶的那部分，只有配偶自己才能安排。这也是我们需要注意的部分。

4. 遗嘱保管不善

在订立遗嘱之后，遗嘱的保管也是一项非常重要的流程。遗嘱写了，应该放在哪里、由谁保管？能否确保立遗嘱人去世之后，能及时找到遗嘱？这些都是非常重要又容易被忽略的问题。如果不能很好地解决保管的问题，造成遗嘱遗失，那立了遗嘱和没有立又有什么区别呢？

一位年近 90 岁的老奶奶去世了。她的继承人中，有在世的 1 儿 1 女和不在世的 3 个孩子留下的几个孙子。

老奶奶生前因糖尿病等慢性病的并发症，多年卧病在床，主要由其在世的 1 儿 1 女照顾。老奶奶因老街拆迁，名下有多套房产和一间商铺。为解除后顾之忧，老奶奶早早请人代书了遗嘱，并独自保管着。

据知情人士透露，老奶奶原本打算将财产的大部分留给一直照顾他的 1 儿 1 女。但是，当老奶奶去世之后，家人们却怎么也找不到她的遗嘱。接着，3 个不在世的孩子的子女提起诉讼，要求平均分配奶奶的遗产。最终，经过近两年的诉讼，法院判决了此案，在按照法定继承平均分配的基础上，考虑到两个子女尽到了主要的赡养义务，适当予以了比例倾斜。

但是，这符合老奶奶的意愿吗？已无从考证。而经过漫长的官司，这一大家人还能和睦在一起团年吗？相信这不是老奶奶希望看到的结果。

综上所述，遗嘱作为一种具有法律效力的文书，本身具有较强的专业性，所谓"术业有专攻"，建议咱们尽量聘请在遗嘱继承方面经验丰富的律师为我们起草遗嘱；同时，委托专业的遗嘱保管机构为我们保管遗嘱。

在聘请律师时，我们需要注意，律师大都有自己擅长和专攻的领域，就像看医生也分科室一样。如果我们找的不是专业从事遗嘱、继承相关业务的律师，就可能出现因遗嘱订立中的不规范、不专业，最终导致遗嘱失效的问题。2001 年，上海就曾发生过律师代立遗嘱却造成遗嘱无效、遗嘱继承落空的结果，最终继承人向律师事务所索赔了40 万元[1]。

（三）遗嘱是传承的基础而非全部

遗嘱是传承安排的基础法律工具，它是一切传承行为顺利进行的前提。但是单一的遗嘱，即使在确保真实、合法、有效的前提下，也

---

[1]　新闻链接：《代理遗嘱失效》，可扫码阅读详情

例如，遗嘱无法完全杜绝纠纷、无法自动执行，也无法隔离债务、合理节税等，我们会在下一节和大家一起详细讨论。由于这些原因，作为财富传承工具的遗嘱，常常需要与保险、家族信托、法律委托等工具结合使用，方能实现财富的完整无缝传承，这也是全世界通行的做法。

不过，对于我们大多数人来说，首先得要立一份有效的遗嘱，这是我们进一步使用其他传承工具的基础。虽然遗嘱这一工具很基础，看似不那么高大上，但却是成本最低、效率最高、最适合普通大众的常用之选。

遗嘱的功能和局限

（一）遗嘱的功能

作为使用最为广泛的、低成本的传承工具，遗嘱主要有以下几个方面的功能。

1. 提供财产清单

订立一份遗嘱，无论采取什么遗嘱形式，首先就需要遗嘱人梳理自己的财产清单。

如果被继承人因意外、疾病等突然离世，他的钱存在哪些银行、各种财产在什么地方，家人往往并不完全清楚。这就有可能导致财产下落不明，从而致使财富被动地、相对于家人来讲"永久灭失"。

在前面介绍的侯耀文遗产案中，侯耀文的两个女儿根本不知道父亲生前究竟有多少存款和古玩字画，而父亲那些下落不明的财产，就成了一个永远的谜。虽然这些财产（如果有）在物理上仍然存在，但

在产权关系上，却无法成为继承人可以继承的财富，对整个家庭而言，无疑是巨大的损失。

2. 减少亲人纠纷

一份真实、合法、有效的遗嘱，可以明确遗嘱人的财富传承意愿，也可体现对家人的关心和爱护。

在物质财富层面，即使继承人对于财产的分配有不同意见，有了遗嘱作为分配的依据，更有利于继承人的理性选择，停止争夺，维护家庭和家族的和谐。合法的遗嘱受国家法律保护，可以成为继承人的行为底线，能有效防止继承人之间不必要的、过分的财产争夺。

在精神层面，可以通过在遗嘱增加继承的附加条件，比如，取得211大学的毕业文凭，或者靠自己的力量成为上市公司高管，或者做20次慈善活动等，这能有效地将前辈的人生理念、对家庭或家族发展的长期规划等与财产继承结合起来，这对形成家庭和家族文化，传承家族精神无疑具有重要作用。

3. 明确传承意愿

立遗嘱的初心，往往是有内心放不下的、特别牵挂的人或者事物，依照法定继承能否实现被继承人真实的传承意愿，却是不可控的。因为法律是给大家制订的，未必能充分考虑某个被继承人的个别情况。遗嘱自由，也是自然人重要的民事权利之一，受到法律的保护。

被继承人有遗嘱的，则按照遗嘱继承；如果没有遗嘱，则按法定继承，所有的法定继承人一般情况下将均等继承财产份额，这种方式可能导致的后果有以下几个方面：

一是法定继承的结果并非如被继承人所愿，例如出现财产旁落。

二是可能导致遗产（尤其是房产）难以分割，容易出现纠纷。

三是如果有企业经营权（股权），可能导致经营权的分散，不适合管理公司的继承人继承了股权，还可能对企业经营造成不利影响。

四是法定继承方式中，就继承人对被继承人的付出，比如赡养老人付出的时间、精力和费用，用心的程度，对家族企业的贡献等，都可能出现考虑不周或不公平，这也是许多传承出现纠纷的重要原因。在这些方面存在显著差异的时候，被继承人显然应该充分考虑这些因素后，设立具有差异性的遗嘱，而不是以法定平均或同等继承来解决。

4. 简化继承手续

生活中，继承手续也是一件颇为烦琐的事情。有一份亲属关系明晰的遗嘱，一定程度上能有效降低继承手续的复杂性。

比如，就目前最普遍、价值占比较大的房产继承来看，继承一套房产，当前有两种方式：一是先做继承权公证，然后拿公证书去房产中心过户；二是直接到房产中心办理继承过户，但也需要具备与继承权公证一样的所有资料和手续，这包括但不限于：

第一，全部继承人持房屋产权证或不动产权证、身份证明、户口簿、亲属关系证明到场。这些继承人可能包括死者的父母、配偶、子女、孙辈、兄弟姐妹及兄弟姐妹的晚辈直系亲属；无法到场的继承人，则需要提供公证委托书或放弃继承权公证声明书；已经去世的继承人，则需要提供死亡证明。

第二，需提供亲属关系证明，包括死者的父母、配偶、子女。其中，父母包括养父母、继父母；子女包括婚生子女、非婚生子女、养子女、有抚养关系给继子女、已死亡或者失踪等其他子女。需提交资料包括：户口簿、婚姻证明、收养证明、出生医学证明、被继承人（死者）

的子女若为独生子女可提供独生子女证或其他能够证明相关亲属关系的材料等；或由公安机关、街道办事处、（村）居委会或被继承人单位等职能单位出具亲属关系材料。

如果是父亲或母亲去世，哪怕是独生子女要继承父母的房产，除了要提供父亲或母亲的死亡证明，还需要其爷爷、奶奶或外公、外婆到现场，或提供死亡证明。通常爷爷、奶奶或外公、外婆去世已经很久了，难以提供证明，这时候，如果父亲或母亲有一份有效的遗嘱，上面写清了爷爷、奶奶或外公、外婆在哪一年去世的，也可以省去不少的麻烦。

5. 实现生前控制与身后传承

既然继承手续这么麻烦，那干脆生前将财产过户给子女或者过户给想赠予的人，岂不是简单很多？

这里需要提醒大家的是，生前传承也潜藏着风险。生前传承最大的风险，就是失去了对财富的控制权，可能对于本人的保护不利，尤其是老年人。

试想，如果将房产、公司股权等提前赠予他人，万一继承人不孝顺，或公司经营者不力，到时候就只能眼睁睁看着，自己无能为力。

运用遗嘱的法律功能，就能实现生前自己掌控，而生后按照自己的意愿进行传承。

（二）遗嘱的局限

遗嘱作为传承意愿的载体，只是个人财富传承最基础的一类工具，因此，不可避免地存在一些固有的缺陷和不足。

1. 无法完全杜绝纠纷

遗嘱表达了立遗嘱人的传承意愿，但无法完全杜绝纠纷的发生。有法定继承人由于感觉自己的利益受到损害，进而质疑遗嘱的有效性，诉讼到法院。现实中，有遗嘱仍然要诉诸法院的案例屡见不鲜。

一旦遗嘱的有效性法院难以认定，这类遗产纠纷的案件往往都是旷日持久的拉锯战。如著名书画大师许麟庐先生的遗产案，就是这样的典型。

一代国画大师、齐白石的关门弟子许麟庐先生，于 2011 年因病去世，享年 95 岁。许麟庐去世后，留下名人字画 72 幅，有人保守估计，这些字画的价值超 20 亿元。尽管许麟庐留有遗嘱，表示所有财产由妻子继承，但他的多名子女对遗嘱的真实性怀有质疑。许麟庐所留的遗嘱，是他生前用毛笔写在宣纸上的，而法院委托司法鉴定的结果是：无法鉴定[1]。于是，子女们围绕这些价值连城的遗产打起了官司，以争夺遗产的继承权。

经过四五年的诉讼拉锯战，2017 年，北京市高级人民法院终审定锤，判许麟庐遗产归其遗孀所有，这表明原本的遗嘱还是有效的。许麟庐先生遗产案终于落幕，但经过长达五年的官司争夺，许家的母子亲情、兄弟姐妹的情谊还可延续吗？一个原本温暖和睦的大家庭，自此分崩离析。

---

[1]　新闻链接：《国画大师许麟庐的遗产纠纷》，可扫码阅读详情

2. 无法自动执行和持续管理

遗嘱无法自动执行，指的是遗嘱仅仅是传承意愿的表达，无法自动分割遗产；从遗嘱到继承手续的办理、财产的过户，还需要办理一系列手续。

遗嘱就像法律条文一样，并不是制定好了就万事大吉，只有真正落到实处、有不折不扣的执行，才能达成其既定的目的。法律要想被大家遵守，需要法院、公安局等机构来司法和执法；同样，遗嘱要想变成现实，需要所有继承人遵守遗嘱，还需要继承人之间对遗产的分割达成协议，然后去主管部门登记并办理相关手续。

遗嘱无法持续管理，指的是遗嘱在完成过户后，继承人后面想要怎么处置财产，就无法控制了。

以最常见的遗产——房产为例，假设立遗嘱人在遗嘱中明确：房产归儿子一人继承，但十年内不得出售。遗嘱可以这么写吗？当然可以。立遗嘱人在不违反法律强制性规定的前提下，有表达自己传承意愿的自由。但是，儿子在继承过户房产之后，一定会遵守遗嘱吗？如果儿子不遵守遗嘱，在十年之内就要出售，立遗嘱人还有办法控制吗？那有没有办法来管理和监督遗嘱的执行呢？通常，可以指定遗产管理人来管理和监督遗嘱的执行；但是，谁又来监督和管理遗产管理人是否尽职尽责呢？

所以，遗嘱在执行和持续管理方面，能够起到的作用是有限的。但能不能因为遗嘱有以上这些缺陷就不要遗嘱，或者觉得遗嘱没有用呢？当然不能，因为遗嘱是被继承人继承意愿的载体，是执行财产继承分配的依据。这正如不能因为法律执行和维护起来非常麻烦就不要法律，或者说法律没有用一样，我们需要正确看待遗嘱在传承中的基础作用。

3. 无法隔离债务、合理节税

仅靠遗嘱这个基础工具，无法隔离遗嘱人生前的债务。根据《民法典》第一千一百五十九条的规定，分割遗产时，应该清偿被继承人依法应当缴纳的税款和债务。因此，假如没有提前做好债务隔离、传承规划，尤其对于经营企业而有债务的人士，很有可能出现遗产不足以清偿债务的情况，导致传承落空。

另外，仅有遗嘱，没有其他规划，在未来还有可能被征收遗产税。遗产税是一个国家或地区对死者留下的遗产征税。遗产税是一个历史较长的税种，世界上有很多国家和地区都开征了遗产税。虽然目前我国并未正式颁布《遗产税法》，但未来会不会出台相关法律，并开始征收遗产税？我们认为，一切皆有可能①。

从未雨绸缪的角度来讲，参照已征收遗产税的国家和地区，遗产税对于高净值人士确实是一笔不可轻视的传承成本，需要提前予以规划。因为没有做提前规划，而导致高额遗产税的案例也屡见不鲜。

曾经最引人关注的我国台湾地区首富王永庆的继承案例，就很能说明问题。王永庆 2008 年 10 月去世，在台湾的总资产约 595.84 亿新台币，三名配偶基于"夫妻财产共有制"拥有一半约 297.92 亿新台币，

---

① 2017 年 8 月 21 日，财政部官网公布的《财政部关于政协十二届全国委员会第五次会议第 0107 号（财税金融类 018 号）提案答复的函》中指出，我国目前并未开征遗产税，网上流传的《遗产税暂行条例（草案）》等来源未知。

根据当时台湾地区的遗产税法，另一半约 297.92 亿新台币作为遗产，需扣除 50% 遗产税后，由配偶和子女均分。也就是说，要继承王永庆的遗产，他的继承人要缴纳高达 140 多亿新台币（约 32 亿元人民币）的遗产税[①]。

延 伸

我国台湾地区遗产税

早在 1973 年，我国台湾地区就正式颁布了"遗产税与赠予税法"，此后历经多次修改，最近一次修改是 2008 年，当时将全球最高的遗产税率（分为 10 级，最高达 50%），大幅调减为 10% 的单一税制，同时将免税额（或称起征点）由原来的 779 万元提高到 1200 万元，可扣减额度由 111 万元提高为 220 万元。

近期又有一个富豪的巨额遗产税问题受到广泛关注，就是韩国三星集团已故前董事长李健熙。据悉，根据韩国的遗产税法，李健熙继承人将缴纳超过 12 万亿韩元（约 700 亿人民币）的遗产税[②]。

---

① 百度百科：https://baike.baidu.com/item/ 王永庆 /19204，可扫二维码阅读详情

② 参见《700 亿巨额遗产税 \ 遗产继承说不出的痛》，可扫二维码阅读详情

　　这些天价遗产税案例，无时无刻不在提醒着我国的高净值人士，对于自己的财产一定要尽量做好提前的安排。一旦我国开征遗产税，对于高净值家庭的传承来讲，也可能意味着天文数字的税费支出。

　　综上所述，遗嘱虽不完美，但唯有遗嘱可以直接呈现出被继承人的传承意愿；要实现完整的财富传承，订立一份完整、有效和无可挑剔的遗嘱，是我们每个有传承意愿的人的首要刚性需求。

财教授实操课堂：
梳理自己的传承意愿

  订立遗嘱是一项兼具专业性和个性化的工作，建议聘请专业领域的律师来为我们起草遗嘱。而在这之前，我们可以先简要地对自己全资产的传承意愿进行思考和梳理，以帮助我们做好立遗嘱前的准备工作。

  我们可以借助以下表格中的内容，来梳理自己的传承意愿。其中，"传承意向"是指准备把这部分财产的全部或部分传给谁；如果是部分传承时，需要说明具体的比例和对象，且各部分之和要等于百分之百，否则，容易引起不必要的争议。

表 3-2　传承意向调查表

财产类别		数量	性状	估值	传承意向
实物资产	房产		地址及房产证号：		
	车辆		行驶证号：		
	贵重物品		类别及描述：		
金融资产	银行卡		开户银行及卡号：		
	保单		保险公司及保单号：		
	证券账户		证券公司及账号：		
	股权		所属公司及占比：		
其他					

订立遗嘱口诀

传承基础立遗嘱，看似简单实则难；
六种类型各不同，形式要件要求严。
自书代书或打印，录音录像也可选；
危急情形用口头，公证遗嘱最保险。
谨慎选择见证人，符合要求才能算；
内容合法意思明，若存歧义留隐患。
遗嘱订立很专业，后续保管需妥善，
专业律师来起草，花小钱来省麻烦。

◆ 五德财商之本章财德
- -

保钱之德源于礼

保德： 立遗嘱是一项很专业的事情，需要我
们严格遵守法律对遗嘱的格式要件要求，才能立
出有效的遗嘱。否则，不仅起不到防范传承风险、
让家庭财富按意愿传承的效果，还可能为子孙后
代带来纠纷和麻烦。重视并学习立遗嘱的法律规
则，是在传承中保护家庭财富的重要一步。

财德 仁心永留传
—— 财富传承智慧

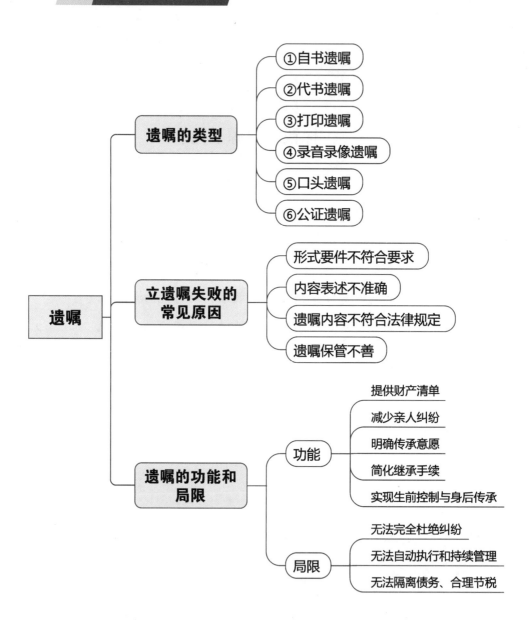

遗嘱
- 遗嘱的类型
  - ①自书遗嘱
  - ②代书遗嘱
  - ③打印遗嘱
  - ④录音录像遗嘱
  - ⑤口头遗嘱
  - ⑥公证遗嘱
- 立遗嘱失败的常见原因
  - 形式要件不符合要求
  - 内容表述不准确
  - 遗嘱内容不符合法律规定
  - 遗嘱保管不善
- 遗嘱的功能和局限
  - 功能
    - 提供财产清单
    - 减少亲人纠纷
    - 明确传承意愿
    - 简化继承手续
    - 实现生前控制与身后传承
  - 局限
    - 无法完全杜绝纠纷
    - 无法自动执行和持续管理
    - 无法隔离债务、合理节税

C

—第4章—
hapter Four

保 险 传 承

故事

　　老钟今年 50 来岁，儿子小钟刚刚上大学。一直在办工厂做生意的老钟，前段时间也把工厂卖掉退休了，打算趁着身体健康去四处旅行。卖厂让老钟有了一大笔现金，他感觉自己用不了那么多钱，就想拿一部分给儿子。但如果一次性给儿子，怕儿子不珍惜，很快就给花光了；如果分次给，不仅麻烦，还怕自己哪天一心软就给多了。于是，在理财师朋友的建议下，他把这部分钱买成了一份年金保险。

儿子小钟毕业几年后，开始每个月都能稳定收到父亲给他的那一笔"工资"——也就是年金保险的受益金。老钟既在经济上支持了儿子，又避免了儿子因为乱花钱而没有后续保障的风险，自动支付也为自己省去了许多麻烦。这笔钱会一直支付到老钟离世，剩下的才会一次性支付给儿子。

从全球范围内来看，保险除了作为避险、分散风险的工具外，也是一种历史悠久、十分重要的传承工具，如果运用得当，能够巧妙地实现多种传承功能。关于保险的其他功能，我们在本套丛书第三册《颐养有道享平安——风险管控智慧》中已经详细为大家做了介绍，在此不再赘述。接下来，我们就着重来了解保险在传承中的独特作用和价值。

保险传承的特点

　　财富传承中所涉及的保险类型，常见的有大额终身寿险、年金险、分红型以及万能型两全保险等险种。保险在财富传承中的一个重要功能，是实现现金资产的定向无缝传承。

　　为什么这些类型的保险具有定向传承的功能呢？这是因为，这些险种通常都是以被保险人的生命为保险标的，其保险责任中都包含一条：被保险人身故的保险金给付。也就是说，只要被保险人离世，就一定会赔付一笔现金。而只要咱们指定了受益人，这笔钱就只能定向给付给受益人，而不会再作为被保险人的遗产进行继承分配。

　　也就是说，保险金是按约定的受益人来给付的，是单独列出来专项处理的，与被继承人的其他财产相互独立、互不相干。人寿保险合同所具有的这种独特性，是由我国的《保险法》所保护和赋予的，不受继承相关法律的约束。对需要将某些财产单独列出来、独立处理的情况来讲，这一特征无疑具有重要作用。不过，由于我国国民的保险意识还不够强，利用保险进行财富传承的案例并不多。

　　胡适曾将保险与人生伦理联系起来，做过如下精彩评述："保险就是今天做明天的准备，生时做死时的准备，父母做儿女的准备，儿女小时做儿女大时的准备，如此而已。今天预备明天，这是真稳健；生时预备死时，这是真旷达；父母预备儿女，这是真慈爱。能做到这三步的人，才能算是现代人。"胡适先生的评述，无疑为我们如何做一个合格的现代人，指明了方向。

保险作为传承工具的特点

保险作为一种传承工具，其最大的局限在于只适用于金融资产的传承，也就是保险只能用来传"现金"；但从另一个角度来讲，这也是保险的"特长"所在，这主要表现在以下几个方面。

（一）实现定向传承

保险是一种很好的现金资产传承工具，在专业人士的眼中，保险被誉为"现金传承之王"。这也是保险作为财富传承工具区别于遗嘱、家族信托最重要的地方。由于保费的缴纳和保险金的赔付都必须是现金形式，因此保险也只能是现金资产的传承工具，非现金的其他财产，就不太适合用保险方式来传承。

保险合同中，有三个重要的角色：投保人、被保险人和受益人。通俗来说，投保人是缴纳保费的人，被保险人是被保障的人，受益人是领取保险金的人。保险金的定向传承是指，指定了受益人的人寿保

第一代

保障

第二代

定向传承

第三代

投保人   被保险人   受益人

险合同，保险金就不再作为被保险人的遗产进行分配，而是定向的、确定的由受益人领取。

运用这一特性，在人寿保险合同中，我们通过对投保人、被保险人、受益人的合理设定，可以实现现金资产在家族两代人、三代人、甚至更多代人之间的无缝定向传承。因此，投保人、被保险人和受益人三者的架构设计非常重要。一旦这种架构设定之后，除投保人本人申请外，任何第三方无权更改这种架构，或者这几者之间的权、责、利关系。所以，这种定向性背后，更有着独立性，独立于其他利益相关者、甚至政府部门或司法部门，除非保险合约或行为本身在法律上存在瑕疵。

香港首富李嘉诚先生曾经说过："别人都说我很富有，拥有很多的财富，其实真正属于我个人的财富，是给我自己和亲人买了充足的人寿保险……我们李家每出生一个孩子，我就会给他购买一亿港元的人寿保险。这样确保我们李家世世代代，从出生起就是亿万富翁。"李嘉诚的两句话，简单明了地道出了人寿保险在财富传承中的功用。

　　有的人可能认为李嘉诚这样做是在炫耀其财富，其实不然。中国有句古话说"富不过三代"。李嘉诚和儿子现在把公司经营管理得很好，但是十几年甚至几十年后的事情难以预测，所以要提前做好安排。就算公司在子孙的手里亏损，李家的子孙每月都有几十万的保险分红收入，照样能过很好的生活。李嘉诚的智慧之处就是充分运用了保险这种工具，尤其是大额保险的财富传承功能，确保子孙后代都能过上富足、安稳的生活，由此打破了"富不过三代"的魔咒。

　　（二）杠杆以小博大

　　不管是年金保险，还是终身寿险等保险产品，按照合同约定的保险责任，赔付的保险金都会大于所交保费，这就让保险带有一定的"杠杆"功能，也就是俗话说的"以小博大"。这一优势，也是其他传承工具难以企及的。

由于保险产品类别的差异，不同保险的杠杆大小也会不同。通常来说，终身寿险的杠杆率，要远远高于分红保险、万能保险、年金保险等险种。终身寿险保险金与首年保费的杠杆率可达到 30：1，甚至更高。另一方面，杠杆率与被保险人的年龄也有一定的关系；在终身寿险中，一般被保险人年龄越小，杠杆率也越高。

案 例

　　45 岁的李先生，经营一家小型科技公司，作为公司的控股股东和 CEO，每年公司分红收入超过 300 万。李先生有两个儿子，老大 17 岁，老二 8 岁，太太全职在家。为了解除后顾之忧，万一自己发生意外或疾病，家人也能得到很好的照顾，李先生投保了 1200 万保额的终身寿险，年交保费约 40 万元，分 10 年交费。保险的受益人为太太和两个儿子，各三分之一的份额。如若李先生发生什么意外，他的太太和两个儿子将获得各 400 万的保险金。

　　李先生这张保单首次缴纳保费 40 万后，就拥有了 1200 万的身价保障，杠杆比例为 30：1。因此，人寿保险的这种杠杆功能可以被看作一种财富的"放大器"，也是家庭的"稳定器"。

　　这么高的放大倍数，靠谱吗？我们都知道保险公司肯定不愿意做亏本的生意，那这背后的逻辑和道理是什么呢？其实，背后的原因是"货币的时间价值"，也就是保险公司会利用保费来进行投资，并持续累积投资收益，通俗来讲，就是"利滚利"。

　　以前面李先生的案例来说，如果这 10 年中，保险公司利用他缴的保费进行投资，并达到一定的收益率，到第 10 年末，其本利总额就如下表所示。当投资的年均复合收益率为 3% 时，本利总额为 472 万元；收益率为 6% 时，本利总额为 559 万元等。当然，这是李先生刚缴完保费时的本利总额，这个时候，李先生才 55 岁。

表 4-1　不同利率水平下保费的预期本利总额（单位：元）

李先生年龄	保费	年均复合收益率			
		3%	5%	6%	8%
46	400000	412000	420000	424000	432000
47	400000	424360	441000	449440	466560
48	400000	437091	463050	476406	503885
49	400000	450204	486203	504991	544196
50	400000	463710	510513	535290	587731
51	400000	477621	536038	567408	634750
52	400000	491950	562840	601452	685530
53	400000	506708	590982	637539	740372
54	400000	521909	620531	675792	799602
55	400000	537567	651558	716339	863570
10 年末本利总额	4000000	4723118	5282715	5588657	6258195

上表中的时间只有 10 年，如果李先生在这期间遭遇意外，保险公司赔付 1200 万，则确实会亏损。但在众多投保人中，出现这种情况的概率其实是很低的。正常情况下，李先生会和大多数人一样，活到我国的人均寿命年龄（目前约 77 岁）。当李先生 75 岁时，这些保费的本利总额可以达到下面表格中的水平。

表 4-2　不同收益不同年龄时的收益总额（单位：元）

年龄	年均复合收益率			
	3%	5%	6%	8%
60	5475389	6742232	7478884	9195342
65	6347476	8604986	10008434	13510974
70	7358464	10982385	13393542	19852053
75	8530477	14016615	17923580	29169179

从表 4-2 中可以看到，如果李先生正常活到 75 岁，即使保险公司投资的年均复合投资收益率为 5%，以前缴纳保费的价值也超过了 1400 万元，保险公司如果在这时赔付李先生的家人 1200 万元，仍然会有 200 万元的利润；如果年均复合收益率为 8%，保费的总价值将为 2917 万元，保险公司赔付 1200 万元后，会有超过 1700 万元的利润。所以，大可不必担心保险公司会承担不起的问题。

（三）婚姻财产隔离

随着经济的快速发展、社会形态的变化，现代人的婚姻状况变得越来越不稳定。中国的离婚率已经连续 16 年上涨，而且据 2020 年的统计数据显示，我国平均离结率为 39.33%，也就是说全国每 10 对新人结婚，就有近 4 对离婚；其中，东北三省的离结率更高，达 65% 以上。

而根据婚姻法的相关规定，在离婚时，夫妻婚内的共同财产要进行分割。因此，为防范离婚分产的风险，从理性的角度来看，婚前、婚后财产的划分十分必要和重要。

　　但是在传统文化观念中，结婚前就做财产协议及公证会伤感情，很难被大多数中国老百姓所接受。另外，即使做了婚前财产协议，像现金、存款等财产，日常有进有出，在婚后极易混同，也很难划分清楚，离婚的时候，仍然很可能被视为夫妻共同财产进行分割。

　　那么，如何既不伤感情，又能防范离婚析产时的风险呢？我们可以利用保险的特殊法律性质，用保单代替现金、存款去进入婚姻，这样就能达到财产隔离目的，有效防范离婚分产的风险。

　　尤其是父母给子女准备的嫁妆、彩礼等，可以采用保单的形式代替大额现金或存款，既给子女一个风光和体面，又能防范万一离婚带来的财产分割风险。

　　这种情况下，可选择年金保险，以父亲或母亲为投保人，儿子或女儿为被保险人。其中，年金受益人设为儿子或女儿，确保子女在婚后有一笔稳定的生活补贴，提升小两口的生活品质；身故受益人设为

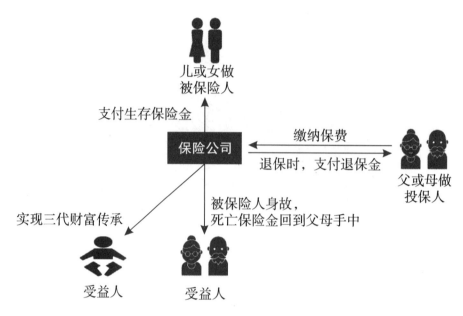

图 4-1　子女婚嫁中的年金保险设计

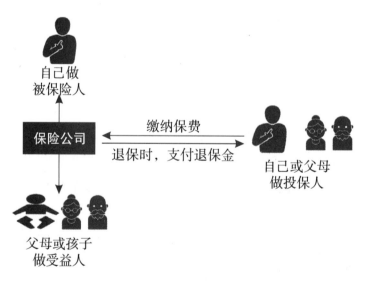

图 4-2　再婚人士保单架构设计

父母，万一子女发生意外，这笔钱又回到父母手中。等有了孙子女、外孙子女，身故受益人可更改为孙辈，实现三代人之间的财富传承。万一子女离婚，这种以父母为投保人的保险单，也不会作为夫妻共同财产进行分割。从而有效防范子女离婚、财富外流的风险。

还有一种情况，自己要再婚的人士，也可以选保险规避再婚后现金资产混同的风险。架构设计上，以自己为投保人和被保险人，自己的孩子或父母为受益人；也可以直接让父母做投保人，自己做被保险人，受益人为父母或孩子。

通过这些设计，可以有效防范婚后财产混同所带来的离婚分产的风险。当然，我们并不主张家人之间算来算去，这些工具和设计，更多只是为家庭提供一种自我保护的手段，正所谓"害人之心不可有，防人之心不可无"。事实上，合理的财务安排，也能有效地排除部分想利用婚姻关系达到谋取对方财产的不义之举，从这个意义上来讲，也无疑是对婚姻情感纯粹性的保护。

（四）债务风险隔离

由于保险是一种特殊的法律工具，保险公司依据保险合同和法律，在一定的条件和情况下，将保险金给付给指定或法定的受益人，实现财产从投保人到受益人之间的转移。因此，在投保人尚未涉及不良债务、现金流充足的时候，通过合理的架构设计，是能够一定程度上隔离投保人债务风险，在企业债务风险与家庭财富之间建立起防火墙，避免家人的基本生活和家族传承受企业经营不确定性的冲击和影响。这样既有利于保障家人的生活品质，也可更好地实现家庭财富的安全传承。

老钱生前是一家工厂的老板，早年与妻子离异，父母都已经离世，两个儿子刚刚大学毕业。今年年初，老钱不幸染病身故，而他生前尚有2000万元借款尚未偿还。

老钱的债权人立刻向法院申请冻结了他的所有资产。经清点估算，老钱名下的所有资产，包括厂房设备、房产和存款等，总价值仅约1700万元，哪怕这些财产全部被执行偿债，也依然还欠300万元借款没有还清。在这种情况下，老钱的儿子们如果想要继承父亲的财产，就必须帮他还债，显然是不现实的。

还好，老钱生前非常有忧患意识，多年以前就给自己和家人投保了高额的人寿保险，那时候的老钱还没有任何借款。老钱去世后，保险公司将按照合同约定，支付给老钱的两个儿子一共1000万元的保险金。这1000万元保险金将由保险公司定向支付给两个儿子，不受老钱生前债务的影响。

以上就是人寿保险在代际债务隔离中的一个典型案例。但我们要注意的是，保险工具的债务隔离功能，只是相对的，而不是绝对的。为了恶意转移资产、逃避债务而购买保险的行为，都是法律所不允许的。

比如，利用公司的资产为家人购买保险，或是在债务产生后再来购买大额保险，这些行为在公司破产清算时，完全可能导致相关的保险权益被强制执行用于偿债。中国裁判文书网于2020年公布的《邓翔、兴铁一号产业投资基金合伙企业财产份额转让纠纷执行案》中，

法院就对被执行人的重疾保险保单现金价值及利息进行了冻结并强制扣划。

所以，所谓买保险"可以避债""可以欠债不还"是极不严谨的，也是错误的。保单只能用于资产状况良好时的提前财富保全安排，而不能用于逃避债务。

（五）税务筹划作用

人寿保险作为以人的生命为标的的特殊金融工具，基于生命无价的逻辑基础，人寿保险在税务政策上也享有"特殊照顾"。

首先，人寿保险金免个人所得税。这是全世界通行的规则，因为人寿保险的理赔金是生命的对价，而人的生命是无价的，人寿保险金是对生命的补偿，而非收益或获利。因此，对于人寿保险金不征收个人所得税。即使保险金获得了几十倍的杠杆，也不会征收个人所得税。

在前面李先生的案例中，如果李先生是自己投资，将400万元增值到1200万元，在他75岁身故时作为遗产传承给家人，在征收遗产税的国家和地区，则可能面临高额的遗产税。

其次，人寿保险保费可税前列支。在很多国家和地区，为鼓励购买商业人寿保险，减轻社会保险的压力，起到社会稳定器的作用，对于购买人寿保险的保费可以在企业或个人所得税前列支，这是一个发展趋势。我国虽然出台了一些个税抵扣的商业保险产品，但目前还没有形成规模和影响力。随着人口老龄化，为减轻社会保险的压力和负担，与世界接轨将是一种趋势。

再者，在海外，人寿保险金免遗产税，还可为高额遗产税提供

现金流。我国目前还没有征收遗产税，未来是否征收、何时征收暂时没有定论。但从世界上征收了遗产税的国家和地区来看，人寿保险的保险金均不在遗产税征收范围内。且征收了遗产税的国家和地区，都是采取"先交遗产税再继承"的方式。遗产税是一笔非常可观的现金流支出。按照目前我国台湾地区的遗产税，假设有 1 亿的遗产，按照10% 的税率就需要 1000 万的现金。如果被继承人有人寿保险，正好可以用人寿保险金来缴纳遗产税，而不必挤占其他遗产。

我国台湾地区知名富豪王永庆与蔡万霖的遗产继承，就是正反两面的案例：

台塑集团创办人王永庆去世后，在台湾留下的遗产价值逾600 亿元新台币。台湾税务部门核定其继承人须缴遗产税 119 亿元新台币，创下台湾最高遗产税纪录。首批遗产税以实物抵缴，12 名继承人借款凑齐，方才顺利继承了王永庆遗产。

而留下约 800 亿新台币遗产的台湾首富蔡万霖，身后却只交了 6 亿新台币的遗产税。节税的首要功臣就是他的人寿保单。据悉，光人寿保险他就买了 62 亿，由于保险受益金免税，蔡万霖的财产得以"安全"传承给继承人。蔡万霖的遗产继承，堪称利用人寿保险金规避遗产税的教科书式的案例。

① 参见 https://baike.baidu.com/item/蔡万霖/1651386？fr=aladdin，可扫码阅读

详情

（六）贷款流通周转

人寿保单通常都具有"现金价值"。现金价值，指人寿保险单的退保金数额。如果是大额保单，现金价值的金额相应也比较高。保险公司一般都提供保单现金价值贷款，最多可以贷到现金价值的80%~90%，最长可以贷6个月，6个月到期还本付息，还可以再循环贷款。国内保险公司的贷款利率基本与同期商业银行的贷款利率持平，目前大多在5%左右，根据市场利率会上下有所波动。

相比于普通贷款，保单的现金价值贷款具有以下特点：

一是贷款速度快，一般仅需几天，甚至当天就放款。二是手续简便，无需其他证明或抵押，直接到保险公司柜台或APP就能申请办理。三是周期灵活，还款形式多样。随时可还款；可以先还一部分，再继续贷一部分；贷满6个月还可继续延期；还可以只还利息，最后再还本金。

正是基于人寿保险强大的资金流通功能，李嘉诚说过："人寿保险是企业发生财务危机时留给自己与家人的最后一根救命稻草。"国美控股集团CEO杜鹃利用保险和信托的现金周转功能，救国美于危难之际，也是极好的案例[1]。

---

[1] 参见 https://www.sohu.com/a/372189986_120538082，可扫码阅读详情

缺周转资金了，之前买的保险还能拿来贷款。

保单贷款

案 例

2010年5月黄光裕因非法经营罪、内幕交易罪、单位行贿罪，三罪并罚，被判有期徒刑14年，罚金6亿元，没收财产2亿元。这对于国美电器，无异是至暗时刻。国美的供货厂家和其他债权人得知这个消息后，纷纷前来催账。此时，国美的现金流面临严重危机，而黄光裕的资产也已经被司法冻结，不能用来救急。而此时，黄光裕的妻子杜鹃却拿出了七千万元资金，解了公司的燃眉之急；此后，杜鹃又陆续拿出一亿三千万元资金，带领国美重回正轨。而这前后资金的来源，就是杜鹃在此前买来应急用的信托产品和保险产品。

　　除了以上六个特点，保险作为财富传承工具还有一个特点，就是起点比较低、操作空间大。保险可以根据投保人、被保险人具体的家庭经济状况、财富传承需求，大到几千万上亿元的保单，小到十几万、几十万元的保单，都是可以做的。这就与家族信托最低都要1000万的门槛不同。

　　由于保险独特的金融和法律属性，其在财富管理和财富传承中的功用也越来越为人们所接受和运用。近年来，我国保险市场上大额保单频出，千万元级、亿元级的保单已经不是新鲜事。这正是保险作为"现金传承之王"，发挥着越来越多的财富传承的功能。事实上，保险并非富人阶层专属的财富传承工具，保险也可以适用于大多数中产以上家庭现金财富的传承。

财教授实操课堂：
如何利用保险做现金传承

利用保险工具做家庭现金传承，其实是一项较为专业且对家庭影响深远的事情，建议尽量找靠谱的保险顾问或理财顾问，在他们的协助下完成这项工作。接下来大致为大家介绍一下具体的方法和步骤，以便做到心中有数，自己也可适当地做一些前期的准备工作。

（一）梳理现金需求

首先，我们需要大致估算一下，如果要把现金传给家人，那么我们该在哪些时点、传给他们多少钱，才能足够覆盖他们的花费。梳理家人的现金需求，能帮助我们了解就目前咱们手上的现金而言，是否能满足家人以后的全部需要；如果满足不了，那么基本需要是否可以

满足，以便于我们日后做相应调整和补充。

通常来说，除了日常的生活费之外，比较重要的花费主要分为教育金、婚嫁金、创业金和养老金几类。梳理完这几个大类，我们就能大致明了现金需求的数额。

1. 教育金

子女或者孙子女的教育金是最主要也是最基本的现金需求之一，我们可以就他们目前的年龄阶段和学习情况，大致预估一下他们独立之前的教育金支出。我们可以借助以下这个表格来进行思考和梳理。

表 4-3　子孙教育金规划梳理表

子女 / 孙子女情况	教育安排（就学时间，意向学校、地区等）	教育金花费（支出时间、费用估算等）
姓名及年龄：	学前阶段：	学前阶段：
	小学：	小学：
	中学：	中学：
	大学及以上：	大学及以上：

2. 婚嫁金

婚嫁金主要涵盖了彩礼、嫁妆，以及成家所需的购房款、购车款等费用。对于孩子尚小的，婚嫁金的支出时间会存在不确定性，我们可以大致预估一个时间范围，提前做相应考量。我们可以在下面这个表格当中预估相应的婚嫁金需求。

表 4-4　子孙婚嫁金规划梳理表

子女 / 孙子女情况	预估婚嫁时间	婚嫁金安排	
		类别	预算
姓名及年龄：		彩礼	
		嫁妆	
		购房	
		购车	
		其他	

3. 创业金

具备一定经济条件且孩子毕业后创业意愿较强的家庭，可以通过适当给予孩子一些创业金支持，帮助孩子度过创业阶段的早期。我们可以询问孩子的创业意愿，在合理的范围内一次性或分阶段予以创业金支持。

4. 养老金

这里的养老金首先要考虑自己和配偶的养老金。也就是说，咱们首先要把自己和老伴的养老金留够，并且在满足了子孙的前面几项现金需求（教育、婚嫁和创业等）之后，再酌情考虑要不要兼顾子孙的养老现金需求。

养老金需求主要考虑到日常生活支出、文体娱乐支出、旅游支出

和医疗护理支出，我们可以借助下面的表格内容帮助我们进行估算。

表 4-5　养老金规划梳理表

人员	每年支出预算					预期支出年限	总计
	日常生活	文体娱乐	旅游	医疗护理	合计		

（二）梳理保障需求

梳理保障需求，可以帮助我们挑选适宜的险种。要知道，不同的险种、不同的保障功能搭配，能达成不同形式的传承效果。

具有传承功能的保险险种，主要有年金保险和人寿保险两种。年金保险能实现生前分阶段、分批次的现金传承，而人寿保险则是身故后一次性的现金传承。而在目前的市场上，人寿保险的保障往往会跟其他保险的保障结合起来。例如，重大疾病保险、意外保险通常都会带有人寿保险的保障功能，也就是"身故赔付"。

所以，我们要如何挑选用于传承的保险，是否要兼顾其他保障需求（如疾病保障、意外等），都需要在专业人士的协助下进行详尽的梳理。

（三）合理规划调整

　　进行了以上两个方面的梳理之后，我们就可以让保险顾问或理财顾问开始帮助我们制定相应的现金传承计划。

　　制定计划时，我们需要充分了解自身家庭的资产状况，未来预期的收入情况，将预留给自己的现金资产和将要生前传承给子女的财产进行区分。

　　现金传承计划制定并修改完善后，我们就可以按部就班执行计划，并定期进行计划检视，看看家庭情况是否发生了大的变化；如果有较大变化，建议及时进行调整。

保险传承口诀

现金传承用保险，功能不仅是保障；

定向传钱不受扰，以小博大杠杆强。

婚姻隔离护子女，替代彩礼或嫁妆；

债务风险可隔离，恶意逃债不要想。

保险赔付免个税，免遗产税是惯常；

保单贷款帮周转，用好保险帮大忙。

投钱之德源于智

　　投德： 保险作为一种有效的现金传承金融工具，能实现多种灵活的现金传承方式。它既是一种保障，也是一种投资。要用好保险工具，我们除了自己去学习保险的基本知识之外，还可以借助专业保险顾问的力量，来协助我们利用保险去达成各种传承目标；也就是说，既可以自己通过学习变得"足智多谋"，也可以"知人善用"交给专业人士。

本章知识要点

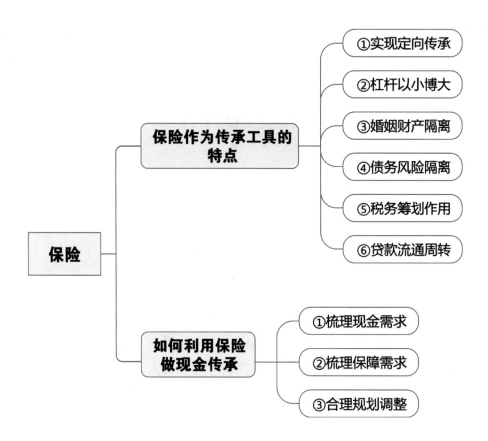

—第5章—

C hapter Five

家 族 信 托

什么是家族信托

（一）家族信托的介绍

　　58 岁的蒋老板是一家大型跨国企业的负责人。从白手起家到身家过亿，如今事业腾达、家庭美满，蒋老板对自己的人生还算满意，但唯一让他放心不下的是他的一对双胞胎儿子。

　　两个儿子今年 18 岁，刚上大学，贪玩好耍、挥霍无度。蒋老板对两个儿子充满忧虑，但儿子们好像觉得，父亲的钱迟早是自己的，所以也没有什么上进的动力。蒋老板考虑到自己年龄大了，也为了避免意外情况的发生，于是在律师的协助下，设立了家族信托。

　　蒋老板将家庭的大部分资产都装入家族信托，并指定妻子和两个儿子为受益人，而且在信托中，特别为两个儿子设立了严格

的"考核目标"。

蒋老板在信托合同中约定，两个儿子读完大学、拿到大学毕业证，才能开始定期从信托中领取生活费；如果能读完研究生并顺利毕业，则能领取的生活费更多；儿子结婚生育后，可以领取一笔可观的"成家金"；儿子毕业后如果进入自己的企业、工作表现良好，或者创业能走上正轨，还可以再领取一笔"事业金"，并获得继承父亲公司股份的权利……但如果以上这些"考核"没有在规定期限内完成，或者对父母长辈不孝顺，那么对应部分的财产就将直接捐献给慈善机构；哪怕蒋老板哪天突然离世，这份信托也依然会按照当初的约定严格执行。

这种设定不可谓不狠，也不可谓不用心良苦。这让两个儿子一下傻了眼，也不得不开始收敛自己的行为，转而开始考虑如何完成父亲的"考核目标"来。

> 　　根据中国银保监会于 2018 年下发的《信托部关于加强规范资产管理业务过渡期内信托监管工作的通知》，家族信托的定义为
>
> 　　　家族信托是指信托公司接受单一个人或者家庭的委托，以家庭财富的保护、传承和管理为主要信托目的，提供财产规划、风险隔离、资产配置、子女教育、家族治理、公益（慈善）事业等定制化事务管理和金融服务的信托业务。

　　信托，顾名思义，是基于信任而托付。而"家族信托"，通俗来讲就是委托专业机构代表自己管理家族的资产。2018 年 8 月，中国银保监会下发《信托部关于加强规范资产管理业务过渡期内信托监管工作的通知》（简称"37 号文"），首次对家族信托给予了上面的"官方定义"。

　　37 号文中明确规定，家族信托财产金额或价值不低于 1000 万元。家族信托通常适用于家庭资产至少在 3000 万元以上的高净值和超高净值群体，且管理期一般都比较长，通常在 30 年以上。

　　家族信托最大的特点，在于"所有权"和"受益权"的分离，也就是说，我把钱委托给了信托机构，我就不再是这笔钱的所有者，但是我可以自由支配它的收益；哪怕本人遭遇离婚分家产、被人追债或者意外离世，这笔钱都将独立存在并按约定持续运行，不受任何影响。对于这项功能，有一句非常经典的概括："最好的做法是控制财富并从中受益，而不是拥有它们。"

　　家族信托由私人信托发展而来，是西方国家常见的财富管理和财富传承方式，不仅是守护家族财富的有力工具，还是延续家族价值观、

凝聚家族成员的传承手段，特别适合家族企业。

家族信托的目的，主要是满足高净值人群的财富保护、财富增值和财富传承的需求。投资增值只是顺带，财富管理及传承才是家族信托的核心目标。因此，是否有财富管理和传承的需求，是区分家族信托与其他信托客户群体的主要标准。

这里要注意的是，很多老百姓口中说的"买信托"，其实买的是"集合资金信托"，类似一种金融理财产品，与"家族信托"是两码事，请务必不要混淆。

家族信托需要进行一对一需求分析和复杂的产品设计，通常会同时考虑家族结构、家族企业、家族宪法（或家法）、家族治理、财务规划和税收筹划等多个方面的内容，所以通常不说"买"，而是用"设立"或"建立"了家族信托。

（二）家族信托的基本结构

1. 家族信托主体

家族信托的主体由委托人、受托人、受益人三者构成。

委托人，就是需要为自己的财产设立家族信托的人，一般是高净值家族的核心成员。

受托人，就是帮助委托人设立并管理家族信托的机构。在我国，家族信托的受托人一般是有信托牌照的信托机构。

受益人，就是能够从家族信托中领取受益金的人。一般是委托人的家族成员，也可以是指定的其他人。受益份额（金额）、分配条件及频次，由委托人在信托文件中约定。

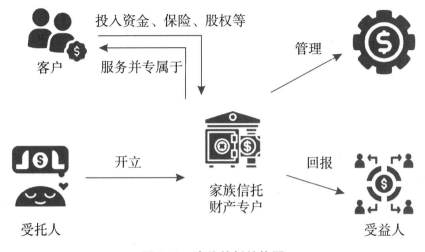

投入资金、保险、股权等

服务并专属于

管理

客户

受托人

开立

家族信托
财产专户

回报

受益人

图 5-1　家族信托结构图

2. 家族信托财产类型

设计家族信托的财产，必须是委托人合法所有的财产。原则上，所有形式的财产都可以装入信托，包括现金、金融产品、不动产、股权、知识产权等。而在我国境内，由于相应的法律和税收制度尚在完善中，目前家族信托财产还是以现金类资产为主。

3. 家族信托目的

家族信托最主要的目的是财富的保护和传承；除此之外，家族成员的生活保障、财产管理、资产增值保值也是常见的信托目的。

对拥有家族企业的家族，想要保障企业的正常经营不受传承的影响、避免企业股权过于分散、优化企业治理等，也是其设立家族信托的常见诉求。

此外，对于"家大""业大"的高净值人群，如何管好自己的家庭和家族，本身是一件十分专业的事。俗话讲的"清官难断家务事"就表明，家族治理本身也是高净值人群必须面对的挑战。如果只是给子女传承了物质财富，而忽略了精神财富的传承，则完全可能出现因为精神、意志、自律等方面的不足，而败掉祖宗家业的情况。

4. 信托财产专户

家族信托中现金类资产应在银行开立信托专户，每个家族信托对应一个专户账户，账户资金不会与信托公司固有的财产混同，也不会与其他委托人财产混同。也就是说，专户上的资金，同时与委托人和受托人之间都隔着防火墙，只要信托计划本身合法，即使委托人和受托人出现重大危机和风险，信托计划的执行本身不受影响。这种独立性，是家族信托十分重要的特征。

5. 保护人

如果委托人认为有必要，家族信托可以设置保护人角色，这是一个可选项目。家族信托保护人会在关注信托受益人利益的同时，还关注委托人的意愿能否得到贯彻；也就是说，对于受托人的履职情况、对信托协议的执行情况，保护人具有一定的监督权。

为了将这种保护机制和监督机制落到实处，对设有保护人的信托，通常会同时设定专门条款，如信托协议有效性、条件终止、要求更换信托计划负责人等。

6. 信托协议

设立一个家族信托，除了以上五个要素以外，还需要一个必不可少的要素，即信托协议。后期家族信托的运行，都将按照信托协议的约定来进行。家族信托协议明确了信托主体、信托目的、信托财产管理的原则及投资范围、信托收益预期、信托收益及信托财产的分配、信托的期限、是否具有保护机制等。

7. 专业人士

家族信托不是标准化产品，而是非常个性化的财富管理和传承工具，必须量身定制。因此，在家族信托设立的整个过程中，离不开专业人士的参与。

一份专业的信托协议，从最初的架构设计开始，就需要律师介入或牵头，根据委托人的意愿和其具体的财产情况来设计。除律师外，通常还需要金融、会计和税务方面的专家共同参与。一项家族信托的设计是否能完全实现委托人财富保护和传承的意愿，是否能经受漫长时间的考验和各种风险的挑战，很大程度上取决于相关专业人员的专业水平和经验。

家族信托的功能和局限

（一）家族信托的功能

1. 财产隔离保护

当设立家族信托之后，进入信托的这部分财产就转移到受托人（即管理家族信托的机构）名下。根据信托财产独立性原则，这部分信托财产就独立于委托人其他财产，也独立于受托人的财产以及其他信托财产。这样就隔离了委托人的债权人的追索，也隔离了委托人的婚姻财产分割等风险。这笔信托财产独立结算，也不受受托人（信托公司）债务、破产清算等的影响。

同时，信托财产也不属于受益人，受益人的债权人或婚姻风险也不能导致信托财产的损失，受益人只享有按照信托协议取得信托财产分配或者信托收益的权利，而不能直接处置相关的信托资产。

　　时下坐拥百亿美元资产的美国新闻集团董事长鲁珀特·默多克，在 1999 年与第二任妻子离婚时，由于未设立信托，被妻子分走 17 亿美元。汲取此次教训的默多克，随后便设立了家族信托，并将绝大部分财产都装入了信托。此后的 2013 年，当默多克与第三任妻子邓文迪离婚时，由于他的绝大部分资产都隔离在家族信托中，邓文迪最终仅分得两套房产，离婚所得不足默多克总资产的 1%。对默多克而言，家族信托起到了明显的婚姻风险隔离作用。

2. 实现财富保值增值

　　家族信托的受托人，也就是帮助委托人管理家族信托资产的机构，通常是专业的金融机构或资产管理机构，具有较强的投资理财专业优

势。这类机构可以为家族信托里的资金定制个性化投资方案，从而实现家族信托资产的保值和增值。而具体的增值潜力和能力，与受托人的投资理财能力、风险控制水平、专业程度，以及委托人对信托资产使用的范围限制和要求等相关。

在设立信托计划时，委托人可以将管理费与信托资产的增值挂起钩来，订立相关条款，以激励受托方在充分考虑风险防范的同时，尽可能争取更高的收益。通常，可以采用保底费用、保底收益加累进收益组合的方式。

例如，可约定家族信托资产管理的固定费用每年 50 万元，保底收益率为 4%；当资产收益率超过 4% 时，受托人可以在超出 4% 的部分中，分成 10%；收益率超过 8% 时，受托人可以在超出 8% 的部分中，分成 20% 等。这样一来，信托机构也会有更大的动力，去做好家族信托资金的投资。

3. 灵活个性化传承

在家族信托协议中，可以为委托人制定灵活、个性化的信托收益

分配方案；充分考虑对不同受益人给出不一样的受益方案。委托人甚至可以根据自己的治家理念、家族文化建设要求等，为不同的受益人设定相应的获益条件。比如，对受教育水平、婚姻状况、和其他相关利益人的相处（比如是否孝顺、是否能和兄弟姐妹友好相处）等。这样的设定，能保证即便委托人离世，其治家理念也能得到遵循和执行，让每个家庭成员获得家族自豪感，并对家族发展的理念保持认同。

例如，在本章开头蒋老板的故事中，蒋老板为两个孩子设定了从家族信托中领钱、领股份的条件，分别有大学毕业、结婚生子、事业有成或创业成功等，还设置了如果对父母长辈不孝顺，就无法领钱、领股份的规定。这样一来，他就能从各个方面约束孩子的行为，引导孩子走上正途。

4. 隐私保护

如上面的漫画中所阐述，家族信托没有公开披露的要求和规定，对委托人和受益人的个人信息和利益都是绝对保密的。除非委托人自

己透露，否则受益人之间彼此不知道对方的存在，也不会知道还有其他哪些受益人、受益金额多少，这也就避免了不同受益人之间因为受益金多少而出现纷争；委托人可以完全按自己的意愿，去照顾自己想照顾的人，而不必让他人知晓。

对公司股份而言，通过信托持有公司股份，还可以隐藏公司实际拥有人的真实身份。对持有巨额财产的个人来讲，由于信托财产的所有权已经让渡给了信托公司，自己不再实际控制和持有相关财产，且个人信息完全保密，这对巨额财富的持有人，也是有效的安全保护。

（二）家族信托的局限

分析了家族信托的功能，是不是所有传承的问题都可以通过家族信托来解决呢？当然不是，家族信托也有其局限性。

1. 设立门槛较高

设立家族信托的门槛最低 1000 万，通常在 3000 万以上。所以，大多数的普通家庭是用不上家族信托的。

那是不是对普通家庭，家族信托的相关知识就没用呢？当然不是。因为家族信托运行的基本原理、思想和方法，仍然可以为所有的普通家庭来使用。

一方面，现在有许多家族办公室除了给本家族提供服务外，也对家族外的人士提供服务，这为许多相对不是那么富有的家族也提供了设立家族信托的可能；另一方面，相关的思路和方法，也可在遗嘱、保险等传承工具中加以使用，比如保险金信托合约，由于保险自带杠杆，设立保险金信托，也就变相降低了人们设立家族信托的门槛；同时，也可以充分利用保险和信托的综合优势，达到更好的传承效果。

2. 财产所有权发生转移

设立家族信托，要求委托人将信托财产的所有权转移给受托人（信托机构）。信托财产的独立性，是由委托人让渡所有权为前提实现的。设立家族信托，委托人失去了信托财产的所有权，信托财产的管理将由信托机构来实施。因此，信托架构及信托协议的设计非常关键，受托人的可靠性、专业水平也十分重要。

3. 设立、运作成本较高

从设立来说，家族信托的设立是一个非常复杂的过程，需要律师、会计师、信托机构等多方面的专业人士的参与，也就会涉及相应的费用；后续管理还会产生各类管理费用；若涉及非现金类财产的转移，

还有转让的税费等，这些都是家族信托的设立和运作成本。

对于涉及跨境业务的大型家族企业来说，由于牵扯到复杂的股权规划和持续运营需求，他们通常会自己专门成立一个团队，聘请跨境法律、金融、会计和税务等领域的专业人士，来直接为企业设计和搭建离岸家族信托架构。他们会自己成立信托公司，便于家族信托的运营和管理，而不会交由某一家外部的信托机构来管理。

而对于几乎没有股权，大部分资产为实物资产（如房产）和现金资产的高净值人群来说，交由某一家成熟的信托机构，或大型金融机构的信托部门来进行管理，以降低整体成本，则是更为常见的选择。

4. 受法律环境限制

当前，我国高净值人群在设立家族信托的实际操作中，普遍面临以下两个问题：

一是，若选择境内家族信托，由于境内相关法律制度尚不完善，能装入信托的资产以现金为主，其他形式的资产存在诸多的限制和高昂的税费，在实操中无法满足大部分家庭的需求。

二是，境外家族信托虽然相对成熟，但由于严格的外汇管制，资金的跨境进出存在很大问题。除非家族的主要资产和业务本身就在境外，且受益人也在境外生活，否则家族信托根本无法设立，受益人也无法领取到受益金。

家族信托的设立会受到资产所在地法律环境的限制，不同的家庭需要结合自家资产和企业业务的所在地区来综合选择。相信随着我国法律制度的逐步健全，家族信托相关的法律政策也会逐步完善；对于境内家族信托，我们可以保持关注，以便机会成熟时能及时跟进。

财教授实操课堂：
设立家族信托的思路

家族信托，可以说是所有的传承工具中，最具专业性、个性化和灵活性的品种，对相关专业人员在金融、法律、会计和税务方面专业要求极高。对于有条件、有需求设立家族信托的高净值家庭，我们可以按照以下几个方面来梳理自己的思路。

（一）从实际需求出发

由于家族信托是一类极具个性化的传承工具，所以，我们首先需要根据自身的实际情况，梳理家族财富或家族企业当下面临的风险和需求。通常来讲，最为常见的风险不外乎婚姻风险和继承风险。

就婚姻风险来说，由于配偶是创业者企业家最大的"隐形合伙

人"，在没有婚内财产协议的情况下，一旦与配偶离婚，就很可能面临资产冻结、股权分割的风险。现实中，因大股东离异而导致企业分崩离析、甚至破产的案例不在少数。有经验的企业主会在婚前就将财产装入信托，或者在婚内与配偶达成协议设立信托，这样哪怕以后离婚也不会影响企业的正常经营。

继承风险，主要是继承人不能按照自己的意愿继承和合理使用财富的风险。通常来讲，就是继承人挥霍败家，或者上当受骗，或者能力低下、不堪重伤等。通过家族信托来完成传承，让继承人按信托合约中的要求分阶段、分批继承财产，也能在一定程度上保护继承人。

先梳理自身风险，再从防范风险出发解决相应的需求，能够有助于我们做出进一步的决策。

（二）境内还是境外

目前，由于我国境内的家族信托相关法律制度尚不完善，在实际操作时，境内的家族信托以现金、保险类信托为主；而涉及股权较多、主要家族资产和业务在境外，甚至有境外上市需求的企业家家族，通常更倾向于在海外搭建离岸信托架构。考虑到外汇管制等实际情况，很难讲境内还是境外，哪个绝对好或绝对不好，这需要我们根据家庭资产的实际情况来选择。

（三）"自己来"还是"交他人"

所谓"自己来"，就是自己招募并成立专业团队，为家庭设立家族信托并持续管理；而"交他人"，就是选择成熟的信托机构或有信托牌照的金融机构，直接把家族资产交由这些机构来成立家族信托。

通常来讲，"自己来"更适用于具有复杂股权结构、跨境资产管理需求、境外上市要求且资产总量较大的家族企业。而相对资产总量较小，资产形式比较简单（如主要资产仅为现金或房产）的高净值家庭，那么"交他人"就完全可以满足相应需求，也能节约成本。

家族信托口诀

巨额传承有信托，个性定制起点高；

承诺保密不外泄，隐私保护效果好。

财产交付信托管，离婚债务不干扰；

受益人有受益权，按约领钱供开销。

家企隔离护亲人，家族企业最需要。

多种工具多帮手，保值增值功不小。

◆ 五德财商之本章财德

保钱之德源于礼

保德：家族信托是一种特殊而功能强大的传承工具，能达成其他传承工具无法达成的诸多个性化传承功能；而要使用好这种工具，需要涉及诸如法律、税务、金融等多个领域的较强的专业知识。要保护和传承好家庭财富，我们不能"想当然"或"盲目自信"，而是需要保持一颗对专业的敬畏之心，尽自己所能去多学习一些相关的基础知识，进而了解规则、运用规则。

财德 仁心永留传
—— 财富传承智慧

本章知识要点

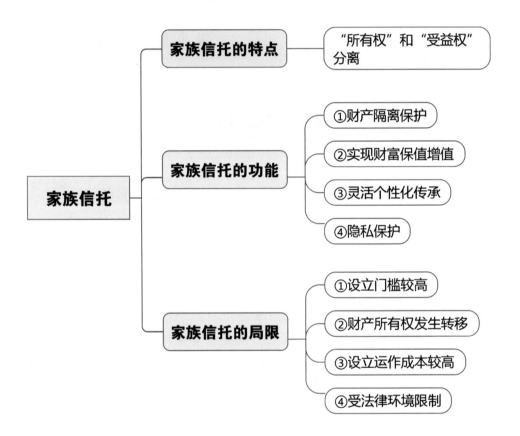

142

—第6章—

Chapter Six

三大传承工具的综合运用

三大传承工具的特点

在讨论综合运用之前，我们简要把三大工具的主要特征和适用场景做个简单的总结和回顾，这有助于进一步讨论对这些工具的综合运用。

（一）遗嘱能表达全资产传承意愿

全资产，就是包含了所有类型的财产，只要是合法拥有的，无论是房地产、车辆等不动产，还是现金、股票、股权等动产，甚至珠宝玉器、收藏字画等实物，或者著作权、专利权等知识产权……统统都可以用遗嘱来进行传承安排。

但是"徒遗嘱不自行"，就是说仅仅有遗嘱还不行，因为遗嘱无法自动执行和持续管理。遗嘱必须依靠遗产执行人、遗产管理人的帮助，才能真正能执行到位。另外，遗嘱只能解决"传给谁"的问题，无法解决"传后怎么管"的问题。要想完全实现被继承人的传承意愿、实现家业长青，就还需要将遗嘱与保险或家族信托组合起来使用。

（二）保险擅长现金资产的传承

在业内，保险被誉为"现金传承之王"。保险能确保被继承人生前对现金资产的控制，也能确保离世后现金资产的定向传承。甚至现在很多公司可以提供保险金信托，理赔的保险金可以直接进入信托，实现个性化的支付功能，确保受益人的长期利益。保险作为财富传承工具的局限性，是它只能传承现金资产这一种财产形式，背后的原因，是因为保险公司只接受现金投保，而且在赔付时，也只使用现金。至于以后保险公司能不能提供一些新的保险工具，将接受和赔付的资产扩展到现金以外，这还有待于保险机构的开拓和创新。

（三）家族信托能满足复杂传承需求

家族信托是世界公认的、高净值家族财富传承的必选工具，非常适合于大型家族企业达成复杂的传承意愿。由于家族信托的设立门槛、税费成本和管理成本都比较高，大多数普通老百姓用不到家族信托。在我国，家族信托配套制度尚不成熟，信托财产以现金为主，在一定程度上也局限了这一传承工具的功能。

表 6-1　三大财富传承工具之比较

功能分类	遗嘱	保险	信托
可安排处理的财产	全部类型的财产	现金	离岸信托为全部财产，境内信托目前主要为现金

续表

功能分类	遗嘱	保险	信托
继承人 / 受益人	本人以外的任何人或机构	包括父母、配偶、子女、孙子女等近亲属	任何人或机构
财产保值增值功能	财产保持原有额度	可以保值，有一定增值收益，可抵抗通货膨胀	可以保值、增值，但需要转移财产所有权或控制权
财富传承功效	可以传承的财富最广泛，但需和其他工具结合使用	可以分期给付，某种程度上实现信托功能	配套制度尚不成熟，起点和费用较高，适用人群不广泛

三类传承工具的组合运用

（一）遗嘱 + 保险

在这个组合中，遗嘱解决全资产的传承，尤其是房产；保险解决现金资产的传承和持续管理。"遗嘱 + 保险"的传承工具组合，能满足 90% 以上家庭的财富保护与财富传承需求，也是我们绝大多数老百姓可以选择的方式。我们可以通过下面两个案例，来体会这一组合在现实生活中的应用。

李女士的再婚财产安排

45 岁的李女士带着 10 岁的女儿离了婚，分得现金资产 800 余万和住宅一套。李女士的父母均健在，还有一个亲妹妹。两年后，李女士欲再婚，而再婚对象的经济条件不如自己。

　　传统观念中，签订婚前协议是一件伤感情的事，李女士无法开口向再婚对象提出这个要求。于是，李女士找到专业人士咨询，她想咨询的问题是：在不签订婚前协议的情况下，该如何做好婚前财产保护？万一自己将来发生什么意外如何照顾她年幼的女儿？

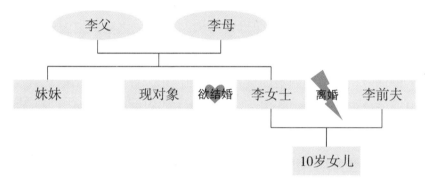

图 6-1　李女士家庭结构图

【风险分析】

　　就李女士目前的情况而言，她主要面临以下风险：

　　第一，现金资产混同的风险。李女士的 800 万现金资产存在银行里，再婚过后，将用于夫妻共同生活；届时银行账户现金有进有出，婚前财产很快就会与婚后财产混同；而一旦发生混同，如果再次离婚，原本是婚前财产的这部分，也会有被分走的风险。

　　第二，房产传承的风险。李女士的这套房产是她再婚前的个人财产，不属于与再婚的配偶的共同财产，只要她不卖出变现，就不会发生混同。但是万一李女士发生意外走了，在没有遗嘱的情况下，这套房产将执行法定继承，由李女士的再婚配偶、女儿及父母将各继承四分之一。

第三，年幼子女的照顾。女儿年仅 10 岁，万一李女士重病或者发生意外，谁来照顾年幼的女儿？是再婚的配偶，还是年迈的父母，或者自己的亲妹妹？怎么能确保女儿的教育和成长所需资金？

【方案建议】

第一，将现金资产转换为保险形式。

首先建议李女士在与准再婚对象结婚登记之前，把大部分现金资产，配置成一张大额终身年金保险和一张大额终身寿险。婚前购买的大额保险，天然起到婚姻资产隔离的作用，替代了婚前财产协议。同时，能确保充足的现金流，还能防范万一自己发生意外，女儿的生活和教育能有保障。

其中，年金保险指定投保人和被保险人为李女士自己，受益人为女儿。年金险在平时的定期给付，可以作为日常生活费的补充。

终身寿险以李女士为投保人和被保险人，受益人为女儿。建议同时设立保险金信托，确保万一自己发生意外的情况下，保险金信托也能保障女儿的成长和教育基金。

第二，订立遗嘱。

建议李女士提前订立遗嘱，对房产继承做一个安排。在遗嘱中，指定房产由女儿一人继承，另外将现金资产做合理的分配，留给父母一定的现金作为养老补充。由于女儿尚年幼，为避免前夫利用监护人身份对女儿继承遗产后不必要的干预，可设立一个遗产管理人。

刘先生的再婚财产安排

　　56 岁的刘先生，有高血压、脂肪肝、糖尿病等多种基础疾病，感觉身体越来越不如从前。他的第一任妻子 2005 年去世，两人育有 2 个女儿：大女儿今年 25 岁，小女儿 16 岁。2010 年，刘先生与现任妻子许女士结婚，婚后两人无子女。许女士与前夫育有一子小罗，今年 15 岁，抚养权归许女士；许女士再婚后，小罗与刘先生一家一直共同生活。刘先生与许女士感情很好，但是与继子小罗关系紧张。刘先生的父亲已去世，母亲 80 岁了，身体硬朗；刘先生还有三个兄弟姐妹。

　　刘先生有四套房产，均为婚前财产；有现金资产约 300 万元。

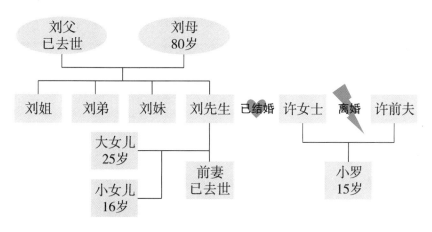

图 6-2　刘先生家庭结构图

刘先生个人意愿：四套房产一套留给许女士，一套留给大女儿，两套留给小女儿；现金大部分留给小女儿，小部分留给母亲尽孝。

刘先生找到财富传承的专业人士咨询，万一自己发生什么重病或意外，如何能确保自己的财富传承意愿能实现？

【风险分析】

第一，再婚多子女家庭，法定继承与个人意愿相矛盾。刘先生的四套房产虽为婚前财产，但万一刘先生发生意外或重疾离世，其名下财产将由法定继承人均等继承：一是继子有继承权，刘先生再婚时，许女士的儿子小罗年仅 15 岁，与刘先生形成抚养关系，这种情况下也能分得遗产。二是母亲也有继承权，即使母亲不争财产，刘先生还有 3 个兄弟姐妹；兄弟姐妹有无私心、会不会影响到母亲的意愿，也不可知。在没有遗嘱的情况下，许女士、两个女儿、母亲以及继子小罗，将均等继承刘先生的财产，即各继承 1/5，而这与刘先生的意愿严重偏离。刘先生的主要财产是四套房产，如若均等继承，房产的分割也是一个难题，必将留下巨大家庭纠纷隐患。

第二，小女儿未成年，需要给她留下足够财产，以确保其顺利生活成长到独立；同时，这些财产会不会受到其他继承人的争夺，也是需要考虑的风险。

【方案建议】

第一，建议订立遗嘱。刘先生的家庭属于典型的再婚多子女家庭，刘先生的传承意愿与法定继承不相符，首先要做的是订立遗嘱明确传承意愿。不仅是房产，包括现金资产的分配方案都要在遗嘱中明确清晰地体现。

第二，建议配置保险。

购买一份终身寿险。在刘先生的身体状况能核保通过的前提下，将投保人、被保险人均指定为刘先生自己，受益人指定为许女士、小女儿、大女儿和母亲。受益份额均等。如果寿险保额大于 200 万，还可以设立保险金信托。

购买一份年金保险。投保人指定为刘先生，被保险人和受益人指定为小女儿。最好采取一次性缴费或短期（三年内）缴费，为小女儿未来提供一份专属的现金流，类似一笔长期固定的"工资"收入。同时，最好搭配一份给小女儿的赠予协议，即使刘先生去世，这份保单也不会作为遗产进行法定继承，多重保险。

（二）保险 + 信托

保险金信托的定义

保险金信托，又称人寿保险信托，是指以保险金或保单收益权作为信托财产，由委托人（一般为保险的投保人）和受托人（信托机构）签订保险金信托合同。

当达到保险合同约定的赔偿或给付条件的时候，保险公司将保险金交付于受托人（信托机构）。由受托人按照合同约定的方式管理、运用信托财产，并将信托财产及收益，按约定分配给信托受益人的一类家族信托。

保险与信托两种工具的组合运用，目前最成熟的模式就是"保险

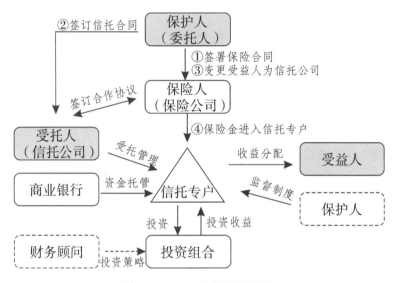

图6-3　保险金信托的结构

金信托"。简单地说，保险金信托，就是当我们购买保险后发生理赔时，理赔的保险金直接进入信托账户，由信托机构帮助我们持续打理和分配这部分保险金。

保险金信托相对家族信托来说门槛较低，被称为"迷你家族信托"，极大拓宽了适用家庭的范围。

保险金信托是家族信托的一种，是以保单收益权（保险金）为信托财产的一种家族信托。相较于家族信托，保险金信托具有三个特点：

第一，保险金信托的设立门槛低于家族信托。通常家族信托的设立门槛为3000-5000万资金；而目前保险金信托最低100万保险金（保额）就可以设立。并且，保险自带杠杆，还可以分期支付：500万保险金的保额，首年实际需要占用的现金（支付的保费）可能只有20-50万，相对来说更加"亲民"。

第二，保险金信托设立流程比家族信托简便。保险金信托即指定了保险金的受益人为信托机构。保险金可规避婚姻财产混同，投保人、被保险人的生前债务，可以说，保险金是无争议的财产。因此，保险金直接进入信托，就省去了对资金来源、完税证明、反洗钱等一系列的尽职调查。可见，保险金信托的设立流程比纯家族信托简便得多。

第三，保险金信托综合了保险与信托两种财富传承工具的优势。保险金信托既具有保险的指定受益、资产隔离、资金杠杆的优势，又具有家族信托财产独立、长期管理、细化服务的优势，可谓一举多得。

案 例

保险金信托规划子女婚姻财富及成长保障

山西的张总今年58岁，经营煤矿起家；多年前煤矿被收归国有，他获得了一笔不小的补偿金。张总用补偿金在北京买了十多套住宅，如今资产总价值过十亿。

张总有三段婚姻，共育有两女一子：大女儿31岁已经成家，小女儿20岁还在上大学，幼子年仅10岁。现任妻子32岁，是幼子的母亲。张总的父亲早年因病去世，母亲健在，已经80岁。张总还有一个50岁的弟弟，育有一子23岁。

张总对未来可能出台的房产税深感焦虑，同时，也感觉自己身体状况越来越差，就想给三个子女做一些安排，确保子女能过上富足的生活，又不至于上演争产的闹剧。

张总的主要诉求有以下三点：

第一，避免纠纷。由于有三段婚姻，三个子女，希望自己百年之后不要上演争产的闹剧。张总主要的资产是想留给幼子继承，但也要给两个女儿适当的安排。

第二，保障幼子成长。万一自己早走，最放心不下的是尚未成年的幼子的教育和生活保障。

第三，给予现任妻子和老母亲足够的生活保障。

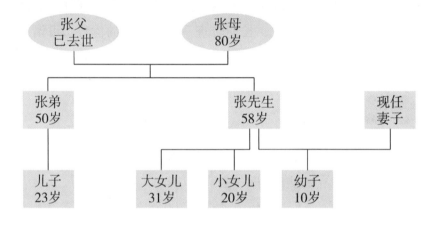

图6-4　张总家庭结构

【风险分析】

第一，法定继承风险。在没有遗嘱和其他安排的情况下，如按照法定继承，张总三个子女、现任妻子、加上母亲五人应平均分配其财产，这与张总的意愿极不吻合。

第二，财产外流风险。张总的现任妻子尚且年轻，张总如果先走，现任妻子再婚的可能性很大。由于母亲是未成年幼子的法定监护人，即使张总留下遗嘱指定主要财产由幼子继承，一旦妻子改嫁，财产的实际控制权还是有可能外流。

第三，高龄母亲的风险。张总的母亲尚健在，在没有遗嘱等规划的情况下，张总一旦离世，母亲会继承其财产的 1/5。而母亲由于年龄和观念所限，很难接受立遗嘱的安排。这 1/5 财产在母亲百年之后，又会由张总的弟弟及张总的三个子女代位继承，情况就会变得非常复杂。

【方案建议】

第一，购买一份大额人寿保险，并设立保险金信托，幼子为主要的受益人，确保其成长教育的基本需求。

第二，尽快订立一份遗嘱，明确财产传承意愿。

第三，逐步将一部分房产变现，将变现的资金进入信托，按照张总的意愿确保家人的生活保障。

（三）遗嘱 + 信托

遗嘱与信托两种工具的结合，即遗嘱人订立遗嘱，遗嘱人去世后其一部分遗产进入信托的方式。这样既能实现生前控制，又能实现生后按照信托协议实现资产的长期管理。比较适用于高净值家庭的组合传承设计。

"英伦玫瑰" 戴安娜王妃的遗嘱信托

戴安娜王妃于 1997 年在法国巴黎因车祸去世，年仅 36 岁。戴安娜在 32 岁时订立了遗嘱信托，离世后，她的遗嘱信托启动。她的遗产被转入信托基金，交由信托机构负责经营和管理，她的两个儿子为受益人，平均享有信托收益。同时，她的遗嘱中还规定，当威廉王子和哈利王子 25 岁时，可以自由支配遗产收益的一半；30 岁后，便可以自由支配本金的一半。同时，黛安娜还在遗嘱中把自己的珠宝平均分给了两个儿子，约定将来他们的妻子可以拥有这些珠宝，并在特定的场合佩戴。

2011 年 4 月，在威廉王子大婚典礼上，凯特王妃佩戴着当年黛安娜的 12 克拉蓝宝石订婚戒指和璀璨的珠宝。威廉王子说："我用这种方式，确定母亲没有错过我生命中这个重大日子，母亲会见证我们的喜悦和兴奋"。戴安娜通过遗嘱信托，不仅实现了财富的传承，更实现了爱的延续。

财教授实操课堂：
选择适合的传承工具

三大类传承工具，我们该如何根据自己家庭的实际情况来选择和搭配呢？在求助于专业人士之前，我们也可以先借助下面的表格，自己提前思考和梳理一下。清楚了自己家庭的情况和需求，也便于后期跟专业人士沟通时更加顺畅和高效。

表 6-2　适用传承工具梳理分析表

传承工具	家庭情况及需求	是（√）否（×）
遗嘱	涉及传承的家庭资产有较多种类（如房产、汽车、现金和股权等）	
	有多个子女；或父母至少一方健在，且自己有多个兄弟姐妹	

续表

传承工具	家庭情况及需求	是（√）否（×）
	不愿自己的财富身后按照法定继承分配：即由配偶、子女、父母来平均分配；其中，子女如果已婚，则所继承财产为夫妻共同财产	
保险	涉及传承的现金类资产比较多，或即将携大量现金资产步入婚姻	
	想要在生前把现金分批传承给子女或孙子女	
	符合购买寿险的年龄及身体条件，且想借助寿险的杠杆，身故后给亲人留下一大笔现金	
保险金信托	想借助保险的杠杆，身故后给亲人留下一大笔现金，并让这些现金按自己的个性化需求，分批传承给子孙	
家族信托	家庭净资产较高（超过5000万），且有较为个性化的传承需求	
	有自己的家族企业，涉及传承的家族资产当中包含大量股权	
	家族企业所涉及的业务，或家庭财产所在区域部分分布在境外	

对于上表中的家庭情况及需求，我们觉得满足的，就在最右侧的框中打"√"。打"√"比较多的传承工具，就是我们可以参考选用的工具。

经过以上表格的思考和梳理，我们基本能够了解自己所需要的传承工具类型，这样就可以寻找专业人士或机构，例如传承方面的律师、保险规划师、理财师，以及专业遗嘱机构等，帮助我们利用这些传承工具，将我们的传承意愿落实。

传承工具综合运用口诀

传承工具三大类，遗嘱信托和保险；

遗嘱功效最基础，传承意愿覆盖全。

保险定向受益人，现金传承最方便；

家族信托门槛高，复杂需求都能办。

遗嘱保险结合用，既表意愿又传钱；

想设信托有方法，保险信托降门槛。

家大业大传承难，遗嘱信托来相伴；

提前规划看长远，幸福生活代代传。

財德 仁心永留传
——财富传承智慧

◆ 五德财商之本章财德

投钱之德源于智

　　投德： "知工具而善用"和"知人善用"一样，都是一种重要的智慧。三大传承工具，我们只有明白其各自的适用场景、特长和短板，知道如何根据自己的实际情况综合运用，把钱投到恰当的工具上，才能最大程度实现我们的传承目标，达到保值和增值的效果。让我们通过学习和求助专业人士，化身为这些传承工具的"伯乐"吧！

本章知识要点

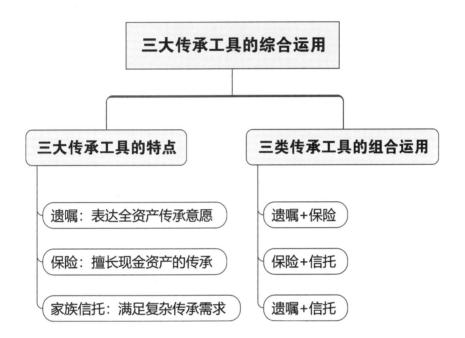

第7章
Chapter Seven

大额财富的传承筹划

房产传承筹划

王先生的房产传承

65 岁的王先生夫妇名下有两套普通住房：自住一套，投资出租一套。王先生的女儿刚刚生二胎，出于照顾女儿的考虑，王先生想把投资出租的那套房产过户给女儿，该套房产的详细信息如下：

该房是王先生于 10 年前全款购买的普通住房，买入时价格 120 万元，相关税费 5 万；目前此房的市场价格是 400 万元。

目前，女婿名下已有一套住房，按当地限购政策，女儿名下还能增加一套住房。女儿计划接手这套房产五年后再卖出，预计那时此房价值 600 万元。

　　而此时王先生犯难了，因为要把房产过户给女儿，共有三种可选的方式：赠予、继承和买卖过户。这三种方式承担的税费有多大差异？各有什么样的优势和劣势？于是，王先生准备咨询专业的税务师，为他出谋划策。

　　房产，对大部分家庭来说，都是非常重要的一类资产。根据经济日报社中国经济趋势研究院发布的《中国家庭财富调查报告2019》显示，我国城镇居民家庭房产净值占家庭人均财富的71.35%。房产传承规划，对我们大多数家庭都具有重要的现实意义。

对于房产传承，首先，不同的传承方式在税费上差异显著，特别是对于一、二线城市动辄几百万元、几千万元的房产来说，只是税费差异可能就高达几十、甚至上百万元。其次，由于房产的价值比较高，在传承过程中也容易产生各式各样的麻烦和纠纷。因此，做好相应的规划，不仅可能会帮我们省下一大笔钱，还会为子女减少很多的麻烦和风险。

房产传承，主要有赠予、继承和买卖过户三种方式。接下来，我们就对这可选的三种方式来进行详尽的分析。

（一）三种过户方式需要考虑的因素

房产传承选择赠予、继承还是买卖，我们需要考虑的因素是多维度的，不仅仅是税费的多少，还需要考虑子女是否具备购房资格、是否有购房计划，自己是否需要在生前把握对财产的控制权，以及子女当下的婚姻状况等，不同的家庭需要结合自家的实际情况来选择。

表 7-1　房产过户三种方式的比较

过户方式	描述	特点			是否为夫妻共同财产
		限购	控制权	传承时点	
赠予	父母生前将房产无偿赠予给子女	需具备购房资格（部分地区直系亲属间赠予受赠方无须购房资格）	生前传承，过户后失去对财产的控制权	确定	需订立赠予合同，约定只赠予自己孩子一方，否则默认为赠予夫妻双方

续表

过户方式	描述	特点			是否为夫妻共同财产
		限购	控制权	传承时点	
继承	父母离世后，子女采取遗嘱继承或法定继承的方式继承房产	子女继承无须具备购房资格	生后传承，生前把握对财产的控制权	不确定	需订立遗嘱，约定只传承给自己孩子一方，否则按法定继承则为夫妻双方共同财产
买卖	父母生前将房产以买卖交易形式过户给子女	需具备购房资格	生前传承，过户后失去对财产的控制权	确定	婚后以夫妻共同财产购买的房产，默认为夫妻双方共同财产；除非能证明是以一方个人财产购买

（二）房产传承所涉税费分析

目前，在我国还未全面开征房产税和遗产税的情况下，房产传承主要会涉及以下几种税费：

1. 个人所得税

法定继承人继承房产，在继承环节是不收个人所得税的。按照《财政部 国家税务总局关于个人无偿受赠房屋有关个人所得税问题的通知》（财税〔2009〕78号）第一条规定，符合以下情形的，对当事双方不征收个人所得税：

（1）房屋产权所有人将房屋产权无偿赠予配偶、父母、子女、祖父母、外祖父母、孙子女、外孙子女、兄弟姐妹；

（2）房屋产权所有人将房屋产权无偿赠予对其承担直接抚养或者赡养义务的抚养人或者赡养人；

（3）房屋产权所有人死亡，依法取得房屋产权的法定继承人、遗嘱继承人或者受遗赠人。

因此除以上三种情况外，其他受赠的情况是要缴纳个人所得税的。

2. 契税

根据《契税法》的规定，在我国境内转移土地、房屋权属，承受的单位和个人为契税的纳税人，应当依照本法规定缴纳契税。本法所称转移土地、房屋权属，是指下列行为：土地使用权出让；土地使用权转让，包括出售、赠予、互换；房屋买卖、赠予、互换。

《契税法》规定，契税税率为3%~5%。契税的具体适用税率，由省、自治区、直辖市人民政府在前款规定的税率幅度内提出，报同级人民代表大会常务委员会决定，并报全国人民代表大会常务委员会和国务院备案。

同时，《契税法》规定了六种免征契税的情形，其中明确规定，法定继承人通过继承承受土地、房屋权属是免征契税的[1]。

因此，法定继承人继承房地产免契税。而对于法定继承人以外的人根据买卖、赠予、遗赠协议等承受土地、房屋权属的，需要缴纳3%~5%的契税。

---

[1]　法条链接：《中华人民共和国契税法》

3. 房地产继承过户税费

房地产继承过户税费由房屋评估价 0.05% 的合同印花税、100 元的登记费、5 元的权证印花税组成。其中，针对印花税有一个减半征收的优惠政策，当前政策将持续到 2021 年 12 月 31 日。

4. 房产价值评估费用

各地区对评估费用的规定略有差异。以上海为例，根据沪价房（1996）第 088 号文的规定，评估费用根据房地产价值采用差额累退方式来计算：

表 7-2　上海市房产评估费率

房地产价格总额 X（万元）	累退计费率（‰）
X ≤ 100	5
101 < X < 1000	2.5
1001 < X < 2000	1.5
2001 < X < 5000	0.8
5001 < X < 8000	0.4
8001 < X < 10000	0.2
X ≥ 10000	0.1

5. 继承权公证费用

若采用继承的方式进行传承，还需要考虑的一块费用是继承权公证费。继承权公证费按照继承人所继承的房地产的评估价的 2% 来收取，最低不低于 200 元。

　　公证继承，就是先要办理继承权公证，再办理继承过户。在 2006 年之前，我国的房产继承都必须采取公证继承。2016 年 1 月，国土资源部在《不动产登记暂行条例实施细则》中明确提出，继承权公证已不再是申办房产继承的必要条件，非公证继承方式逐渐成为老百姓普遍接受的一种过户方式。

　　非公证继承，即不需要公证处公证继承权，直接到不动产登记中心办理继承过户。如果采取非公证继承即可省去继承权公证费用。

　　以成都为例，成都市主城区 2018—2020 年，三年间办理的继承房产登记总量约为 2.1 万余件，其中公证继承数量约为 1.4 万余件，非公证继承数量为 7000 余件。假设以一套房产平均估值 100 万来计算，继承权公证费用为 2 万 / 件，7000 余件非公证继承则节省公证费用 1.4 亿元[①]。

（三）三种过户方式税费一览表

　　赠予、继承和买卖过户三种方式，所涉及的税费完全不同。这里我们需要考虑的，不仅仅是父母过户给子女时需要承担的税费，还需要考虑子女未来将房产转卖时所要承担的税费，许多人容易忽视这一点。

　　按照 2021 年房产过户的税费相关政策，我们把三类住房过户方式的税费整理成表 7-3 供大家参考（税费政策可能发生变化，最新政

---

① 需进一步了解公证继承与非公证继承的办理流程及区别，请微信扫码关注相关文章
《房产继承的风险与流程》

策可前往当地房管局进行咨询，或咨询当地专业人士）。

父母将住房过户给子女时，子女和父母分别需要交纳的税费如下：

表7-3　三种过户方式过户时的税费一览表

	税种	赠予	继承	买卖
子女方	契税	3%~5%（部分地区直系亲属赠予和买卖方式契税一致）	法定继承人：免征 非法定继承人：3%~5%	1.个人首套： 90平方米以下1%；90平方米以上1.5%。 2.个人二套： 90平方米以下1%；90平方米以上2%。（北上广深地区二套均按3%）
	印花税	0.05%（减半按0.025%征收）	免征	
	个人所得税	免征		
父母方	增值税	免征		1.父母持有<2年： 核定价全额的5%。 2.父母持有≥2年： （1）北上广深： 非普通住房，核定价减成本价差额的5%； 普通住房，免征。 （2）非北上广深：免征。
	附加税费	免征		增值税税额的12%（减半按6%征收）
	土地增值税	免征		
	印花税	0.05%（减半按0.025%征收）	免征	
	个人所得税	免征		（转让收入−房产购入原值−转让时税费−合理费用）*20%；或按评估价的1%~2%核定征收。 个人转让自用5年以上，并且是家庭唯一生活用房（满五唯一）时：免征。

子女未来将住房转让卖出时，子女需要交纳的税费：

表 7-4　将来出售房产时面临的税费差异表

税种	赠予	继承	买卖
增值税	1. 父母持有 + 子女持有 < 2 年：核定价全额的 5% 2. 父母持有 + 子女持有 ≥ 2 年： （1）北上广深： 非普通住房，核定价减成本价差额的 5%； 普通住房，免征。 （2）非北上广深：免征	1. 子女持有 < 2 年：核定价全额的 5% 2. 子女持有 ≥ 2 年： （1）北上广深： 非普通住房，核定价减成本价差额的 5%； 普通住房，免征。 （2）非北上广深：免征。	
附加税费	增值税税额的 12%（减半按 6% 征收）		
土地增值税	免征		
印花税	免征		
个人所得税	（转让卖出的收入 – 父母购入房产原值 – 赠予、继承及转让卖出时税费）*20%		（转让卖出的收入 – 子女购入房产原值 – 转让时税费 – 合理费用）*20%； 或按评估价的 1%~2% 核定征收。
	个人转让自用 5 年以上，并且是家庭唯一生活用房（满五唯一）时：免征。		

备注： 通过交易方式取得的房产，在卖出时可选择按房屋评定价格的 1%~2%（不同地区有所不同）核定征收个人所得税；而通过继承、赠予方式获得的房产，卖出时不能选择核定征收方式。

综上所述，我们将此前的王先生夫妇的案例做一个梳理，在案例中：

父母买房时点：10年前。

父母买入价格及税费：买入价120万元，税费5万元。

房屋过户时：父母名下两套房，女儿名下无房，女婿名下一套房。

女儿再卖出时点：5年后。

女儿再卖出价格：600万元。

根据王先生的案例，我们以成都市为例，粗算三种过户方式的税费（不含继承、评估相关费用），如表7-5所示。

表7-5 王先生夫妇三种房产传承方式的税费比较（单位：万元）

		税种	赠予	继承	买卖
过户环节	子女方	契税	第二套（直系亲属赠予）：400*2%=8	0	第二套：400*2%=8
		印花税	400*0.025%=0.1	400*0.025%=0.1	0
	父母方	印花税	400*0.025%=0.1	400*0.025%=0.1	0
		个人所得税	0	0	选择按评估价的1%核定征收：400*1%=4
仅过户环节税费合计			8.2	0.2	12
转让环节	子女方	个人所得税	转让时女儿家庭名下有其他房产：（600-120-5-0.1）*20%=94.98（若满五唯一：0）	转让时女儿家庭名下有其他房产：（600-120-5-0.1）*20%=94.98（若满五唯一：0）	选择按评估价的1%核定征收：600*1%=6（若满五唯一：0）

续表

	税种	赠予	继承	买卖
两环节合计税费（不存在"满五唯一"情况时）		103.18	95.18	18

备注： 通过交易方式取得的房产，在卖出时可选择按房屋评定价格的 1%~2%（不同地区有所不同）核定征收个人所得税；而通过继承、赠予方式获得的房产，卖出时不能选择核定征收方式。

从上面的案例可以看出，三种过户方式最大的税费区别，主要在于子女接手房产后、再次转让环节的个人所得税的区别；而带来这种区别的，主要是能否选择个人所得税的"核定征收"。

按目前政策，单从税费成本来讲，对于子女家庭名下已经有房产的情况来看，交易过户是最划算的。若不考虑子女再次转让，则继承过户最为划算。如果子女持有房产五年以上，且为唯一房产时，转让环节的个人所得税均为零，这种差别就不一样了。另外，上述分析也可以看出，持有多套房产会在税费上产生较大差异，须引起大家的关注。

最后，作为财富传承的专业化建议，在没有特殊因素的情形下，一般不主张生前就将全部房产过户给子女。主要原因有下面两点：

第一，生前过户会失去对财产的控制权，这对于保障老年人的养老生活不利。

第二，财产提前过户给子女，如果没有做好其他法律文书，房产将作为子女婚内共同财产，一旦离婚，则会面临分割的风险。即使有相关的协议，让过户的房产属于子女的个人财产，万一子女在婚内意

外离世，则房产也可能面临分割；除非子女过户房产后，及时订立好遗嘱，并指定继承人为孩子或父母，才能规避掉后续风险。

（四）房产传承筹划

综上所述，所谓房产传承筹划，有两个层次的问题需要考虑：传承时点及税费考虑和传承载体考虑。

1. 第一层次：传承时点及税费考虑

第一层次的筹划是，房产在传承过户过程中，采取什么样的方式可以减少一些税费的支出，具体来说，就是继承、赠予和买卖三种过户方式的选择。

在具体选择某种过户方式之前，我们需要思考的主要问题，是房产传承的时点选择——生前还是身后。根据我国《契税法》的相关规定，法定继承人通过继承承受土地、房屋权属是免征契税的，身后由法定继承人继承房产，相较于生前赠予，可以节省 3%~5% 的契税成本；从另一角度来说，身后继承的方式，对于被继承的老年人来说，生前可保留房产的所有权，也就是保持着对财富的控制权，这对于老年人享有更安心、更舒适、更有品质的养老生活是非常重要的保障。

如果选择身后继承，还可考虑是否采取继承权公证。如若继承关系简单，继承人之间也没有争议，那么就可选择非公证继承，这样可以省去房产评估价值 2% 的继承权公证费用；如果为了避免纠纷，就花钱做一个继承权公证。

我们应注意继承不一定限于直系血亲关系，相关法律对具有直接赡养关系的，也可以继承。比如，重组家庭的父子存在直接的赡养关系时，也能享受继承时的相关优惠，但需要提供相关证明材料。

表 7-6　生前赠予和身后继承的税费一览表

	（生前）赠予子女	子女继承	（生前）赠予朋友	遗赠朋友
增值税	免征	免征	征收	免征
城建税	不征	不征	征收	不征
契税	征收	不征	征收	征收
个人所得税	不征	不征	征收	不征
土地增值税	不征	不征	征收	征收
印花税	征收	征收	征收	征收

2. 第二层次：传承载体考虑

第二层次的筹划是，在选择财富传承载体的时候，要提前考虑房产作为财富传承载体的利弊。我们要预留出房产传承中须支付的税费成本，或者是选择采取其他形式的财富载体来替代房产，即卖房变现后，以现金或其他方式传承，来降低整体的财富传承成本。结合前面介绍的三种传承工具，详细测算后，也可以考虑将房子卖了，再以保险或保险信托等方式进行传承，则一定条件下，可以规避大额的房产传承税收。

房产作为财富载体，其成本不仅仅是过户手续的税费，还有未来隐含的传承成本，主要是将来可能征收的房产税和遗产税。

（1）房产税

房产税何时立法、何时实施，现在还不能准确预计。从最新的新闻报道来看，全国人大常委会 2021 年度立法工作计划于 4 月 21 日对外公布，在本次立法工作计划中，尚未涉及房地产税的相关计划。虽说2021年肯定不会出台房产税了，但是从国家政策趋势来看，通过房产税抑制房产泡沫、实现"房住不炒"、降低住房空置率等，已成为越来越迫切的需求。

当前，重庆和上海在试点房产税，如果从试点变为全面推广，大概率会从"上海模式"或"重庆模式"中进行二选一。两种模式的区别在于：

第一，房产税征收的范围不同。上海仅对新购住房征税，存量住房暂不征税，对于本地首套房的居民有一定的保护政策，从第二套新购住房才开始征税；重庆则是侧重征收高端住宅的房产税，个人新购住房高于主城新建商品房均价两倍的房子都不能幸免于"税"。

第二，征收税率不同。重庆的征收税率明显高于上海，按照0.5%~1.2%的不同档次进行征收，上海则最高为0.6%。这意味着以房产作为财富载体，必须考虑其未来可能增加的持有成本，提前合理筹划。

（2）遗产税

遗产税，就是国家或地区对逝者留下的遗产进行征税。简单来说，如果继承人想要继承被继承人的遗产，必须先缴纳这笔遗产税。遗产税与个人所得税、房产税一样，是一种直接税。

遗产税征收的初衷，是为了防止贫富悬殊。理论上来看，如果遗产税征收得当，可以调整社会成员的财富分配，同时增加政府收入，促进社会的公平。可以说，遗产税是世界各国调节财富差距的常用手段。

从世界范围来看，占比约61.17%的国家征收了遗产税，征收了遗产税的国家有美国、英国、日本、韩国、德国、意大利、法国等

115 个国家及地区。从典型的美国遗产税征收制度来看，个人有 525 万美元的免征额，超过免征额的部分征收 18%~40% 的税率。美国大约 1% 的家庭缴纳了 90% 以上的遗产税[①]。因此，遗产税又俗称"富人税"。

我国目前还没有征收遗产税，未来是否以及何时征收暂时没有定论。但我国对遗产税的研究和探讨一直都在断断续续的研究之中。

我国公开提出有关遗产税的研讨主要有几个时点和事件

1950 年通过的《全国税政实施要则》将遗产税作为拟开征的税种之一，但限于当时的条件未予开征。

1994 年，中国分税制改革把征收遗产税列入了税制改革方案当中，稳妥稳健研究国际经验和国内社会财富现状成为主要的课题。

1996 年，全国人大批准了"逐步开征遗产税和赠予税"的建议。

2013 年，国务院批转的《关于深化收入分配制度改革的若干意见》提出，要"研究适时开征遗产税"。

2020 年，中国经济体制改革研究会学术委员会主席提出了建议："建议十四五期间研究开征遗产税。"十四五期间，也就是 2021 年到 2025 年。

---

① 高凤勤：《公平分配视角下的中国遗产税问题研究》，经济科学出版社，2017 年 12 月第一版，第 121-131 页。

　　现任中国社会科学院副院长高培勇曾表示：遗产税是重要的再分配环节，从整体方向上看，中国征收遗产税是必然趋势。

　　从世界范围的遗产税制度来看，房产这种不动产形态的财产，只要达到一定的征收起点，都是要征收遗产税的，而遗产中最重要组成部分的房产，自然是遗产税重点关注的课税标的。

　　因此，房产作为财富传承的载体，其本身是无法规避遗产税的，传承成本较高。要做房产传承的税务筹划，应当考虑将房产在总传承资产中的占比控制在合理的范围内。

股权传承筹划

随着经济的发展和投资活动的日益频繁，股权已成为部分家庭财产的重要组成部分；特别是在家族企业中，股权继承及其涉税问题成为一个被大家所关注的话题。我们借助下面这个案例，来为大家讲解股权传承筹划的一些知识。

A公司股东老杨已经年近60，考虑到公司的传承，就想让自己的外甥参与到A公司经营当中。于是，老杨将手里持有的部分公司股权，直接按照自己最初取得股权的价格平价转让给其外甥；而这一操作，相当于直接抹去了这些股权这么多年来的增值。

于是，股权转让导致 A 公司当月资产负债表中，所有者权益净减少 1500 万元。这么大的变化，自然引起了当地税务局的注意和调查。最终，经税务机关核定，要求其补交个人所得税税款约 230 万元。

这个案例表明了老杨对股权传承相关法律、税务知识的缺乏，其实，老杨只要稍微改变一下传承方式，这 230 万的税款是完全可以免除的。接下来，我们就为大家简要介绍一下股权传承涉税的一些基础知识。

如果股权作为遗产由继承人继承，或者生前赠予、转让、过户，在目前政策下，会涉及的税费主要有个人所得税和印花税等费用。

（一）个人所得税

> 根据《国家税务总局关于发布〈股权转让所得个人所得税管理办法（试行）〉的公告》第十三条第（二）款，符合下列条件的股权转让收入明显偏低，视为有正当理由
>
> 继承或将股权转让给其能提供具有法律效力身份关系证明的配偶、父母、子女、祖父母、外祖父母、孙子女、外孙子女、兄弟姐妹以及对转让人承担直接抚养或者赡养义务的抚养人或者赡养人。

以上条款的意思是，在股权继承或转让环节，转让人的配偶、父母、子女、祖父母、外祖父母、孙子女、外孙子女、兄弟姐妹，以及对转让人承担直接抚养或者赡养义务的抚养人或者赡养人，这些人在接受继承或转让的股权时，在股权变更登记环节，无需缴纳个人所得税；且根据公告中的第十五条第（三）款，接受转让或继承的一方，可以按转让或被继承一方持有股权的原值作为取得成本。

根据这个条款，在上面老杨的案例中，老杨其实只要先把股权转让给自己的妹妹（兄弟姐妹），再让妹妹把股权转让给她的儿子（子女），就能实现股权从自己到外甥的转让，还不必承担相应的税费。可以说，老杨如果知道这个法律条款，就能省下 230 万元，"知识就是财富"这句话，在这个案例中得到了充分印证。不过，中间也有风险，就是他妹妹不愿意把股份转让给自己儿子（他的侄子），虽然这种风险很小。

不过，接受转让或继承的人，在再次出售所继承的股权时，就需要缴纳所得税了。此时将以出售股权所得，扣除原值、印花税等税费后，作为确认征税的依据。当然，如果接受转让或继承股权的目的，是为了能够长期参与经营，而不是转让获取差价，也就不必太在意这个问题了。

（二）印花税

印花税也是股权转让的相关税种，但由于金额较小，可以只做了解。股权转让的印花税，主要分以下两种情况：

第一，个人转让非上市（挂牌）公司股权，应按"产权转移书据"税目双边缴纳印花税，印花税按 0.5‰征收，同时可以享受减半征收税收优惠政策。

第二，个人转让上市公司（挂牌）股权，属于证券交易印花税范畴，出让方单边按 1‰的税率征收，不可以享受减半征收税收优惠政策。

财教授实操课堂：
你的房产准备如何传给下一代

由于房产传承的相关税费，住房的限购、限售的政策，在不同的地区均有所不同。在涉及房产传承的实际操作中，建议寻找当地专业的律师或税务师来协助进行筹划，并从专业的角度，尽可能全面考虑成本和风险。

同样，我们可以先行提前梳理一下自己家庭和孩子家庭名下持有房产的情况，明确自己和老伴传承的意愿，并大致了解各类传承方式的优缺点及可能面临的风险，这样能帮助我们更加高效地与专业人士进行沟通。

（一）分析房产持有情况

表 7-7　家庭房产持有情况分析表

	持有房产情况（位置、面积、估值等）	房产权属（一方个人财产/夫妻共同财产）	是否限售或持有两年以内（出售时需缴增值税）	是否还有购房资格
我和老伴				
子女（家庭）				

在表 7-7 中，子女如果未婚，就只填写子女名下的房产；子女如果已婚，则需要填写子女夫妻名下的房产情况，因为房产相关政策通常针对的是家庭，而非夫妻一方。

（二）分析传承意愿和可能面临的风险

我们可以借助下面这个思维导图，顺着自己的传承意愿在图中画线，以了解自己所预选传承方式的优点、缺点及风险，帮助我们去思考适合自己的传承方式。

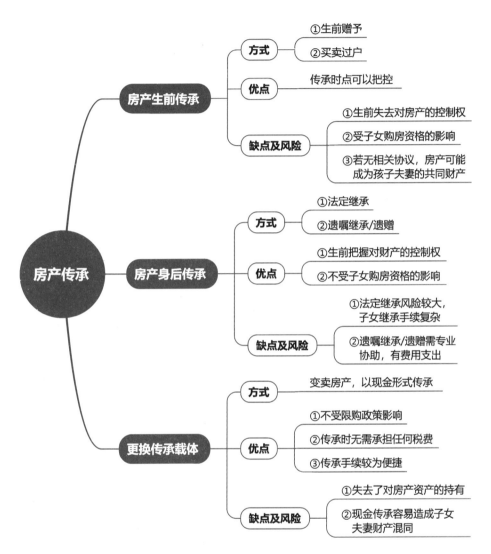

图 7-1　房产传承方式总结归纳图

大额财富的传承规划口诀

财富传承种类多，房产股权属关键；

房产占比金额大，过户方式仔细选。

继承、赠予和买卖，税费相差千里远；

过户税费先考虑，二次转让也得算。

股权涉及经营权，一旦分割公司乱；

亲属转让免个税，提前规划少麻烦。

生前传承要慎重，手中没钱心里悬；

身后传承也结合，传承工具保周全。

◆ **五德财商之本章财德**

保钱之德源于礼

保德：除了继承相关法律法规之外，在传承中我们需要重视的另一套"规则"，就是关于"纳税"的规则。依法纳税是每个公民的义务，但是在法律允许的范围内合理节税，也是我们保护家庭财富的一项重要内容。这就要求我们充分学习和了解税法知识，或求助专业人士来协助我们进行合法的节税安排。重视规则、学习规则、进而运用规则，才是对待规则的正确方式。

本章知识要点

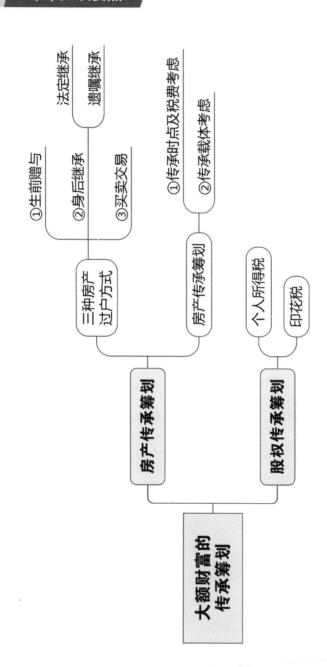

大额财富的
传承筹划

房产传承筹划

三种房产
过户方式
①生前赠与
②身后继承　法定继承
　　　　　　遗嘱继承
③买卖交易

房产传承筹划
①传承时点及税费考虑
②传承载体考虑

股权传承筹划
个人所得税
印花税

—第 8 章—

Chapter Eight

家族精神财富传承

俗话说"富不过三代",但美国石油巨头洛克菲勒家族,自18世纪第一代创始人约翰·洛克菲勒发家以来,已经传承了六代,历经150年,家族盛况经久不衰。

是什么延续了洛克菲勒家族六代的繁荣?在物质层面,第二代"小洛克菲勒"为家族设立的家族信托和家族办公室可谓功不可没;而在精神层面,洛克菲勒家族世代相传的家族文化和家训家教,则是从思想观念方面统领和凝聚整个家族的重要基石。

虽然是巨富家族,长辈对孩子们从小的教育却都强调勤奋、节俭和责任。"财富是意外之物,是勤奋工作的副产品","我们是有钱,但在任何时候,我们都不该肆意花钱,我们的钱只用在给人类创造价值的地方","巨大的财富意味着巨大的责任"……这些都是创始人洛克菲勒在家书中告诫儿子的话语。

图 8-1　洛克菲勒家族合影

在世代的传承中，洛克菲勒家族保持着高度的团结，可谓
"心往一处想、劲往一处使"，维持着家族牢不可破的财富地
位。这与家族举办各类活动的传统密不可分。洛克菲勒家族经常
组织各类家族聚会、集体旅游和慈善项目合作等，将所有成员凝
聚在一起，以增进家族凝聚力并传承家族理念。洛克菲勒家族的
案例，值得所有家族企业借鉴。

自古以来，就有"打江山难，守江山更难"的说法，在家族企业
中也是如此。开创一段事业很难，要将前辈开创的事业发扬光大并世
代传承，是更加严峻的挑战，这需要子孙后代始终如一的勤勉和坚守。

在前几章，我们详细介绍了物质财富的传承。而在家族传承的传
统文化当中，人们常说"诗书传家"，却不说"金银传家"，这是为
什么呢？因为金银失去，可以再挣；而一个家族一旦丧失了最宝贵的
家族精神，再多的金银也将迅速消散。《红楼梦》中的贾家、薛家、
王家，无不如此。

通常，我们更加注重物质财富的传承，觉得留一笔钱，让后代衣
食无忧，就是对他们最大的支持。但在价值观混乱、充满诱惑和迷茫
的当今社会，唯有精神财富才能长久保持人们内心的富足与平和，这
更需要长辈们的长期规划和精心实施。

"十年树木、百年树人"，没有优秀、勤勉的后代，没有具有凝
聚力的家族精神，再多的钱财也无法给子孙带来长久的幸福，它们甚
至还可能成为子孙堕落的源泉。而家族精神财富传承的重点，则在于
点点滴滴的家庭教育。

家庭教育的认识

　　目前，中国家族企业的传承已经到了较为迫切的时期，企业家们越来越关注接班人培养的问题。对于中国的家族企业家来说，"子承父业"是他们心中最理想的接班状态，但在交接班预备期甚至交接过程中，却遇到了接班难题：一代企业家们并没有为传承的完整性做出应有的预期，忽略了传承的可持续性，默认的企业精神、文化理念等无形的资产无法得到传承；他们甚至为子女规划出传承的计划和方向，最终却往往因为培养方式的不当，导致子女无法胜任家族企业的管理大任。

　　家族精神的教育和传承，都不是依靠学校的制式化教育能够实现和完成的。家族精神的传承，只能依靠家庭教育，依靠父母长辈的言传身教、家族成员的相互影响，以及有意识的规划与培养。

案 例

　　李锦记是国际知名的中式酱料品牌，集团总部位于香港。自18世纪末、第一代创始人开创品牌以来，李锦记已经传承了130余年，现如今依旧经营良好。在这期间，李锦记曾遭遇过两次"家变"，第二代和第三代的兄弟都曾因经营理念不合引发矛盾冲突，差点导致企业"分家"，李锦记的生产经营也因此受到极大的影响。

　　经历这两次变故，李锦记家族吸取了经验教训，洞悉了"家和"与"家教"对家族兴衰的决定性作用。于是，第三代接班人李文达成立了家族沟通平台——家族委员会。这个委员会的核心成员有7人，李文达和太太，以及他们的五个子女。家族委员会每季度都会召开一次为期4天的会议。在会议上，家族成员不谈经营，而是研究家族宪法、家族价值观，以及后代的培养教育。他们在家族委员会中设立了诸多职能不同的机构，例如"学习和发展中心"，负责所有家族成员的学习和培训，并制定成长中一代的培养方案；还有"'超级妈妈'小组"，负责为家族的妈妈们提供教育孩子的经验交流渠道等。另外，每年必须全员参加的家族旅游，也给了家族成员分享沟通、升华感情的时机。

　　李锦记家族对家庭教育的重视、对家族成员情感的维系，让父母与子女、兄弟之间彼此熟悉和信任，也让成长中的第五代了解了家族文化和使命，家族强大的凝聚力对每一位成员都产生了潜移默化的影响。

通过上面的案例，李锦记对家庭教育的重视程度可见一斑。家庭教育对人的个性品质、思想品格和身心发展起到的是决定性的塑造作用。然而随着经济的发展，许多家庭、特别是企业主家庭，父母的主要时间精力都放在了事业、生意上，常常会忽视对孩子家庭教育，以及对亲人的情感维系。面对孩子的教育，他们习惯于花大价钱，把孩子送到学校、送进各类培训班，期待通过外部教育，就能把孩子培养成自己所期待的接班人——这样真的能够如愿以偿吗？

家庭教育与学校教育

家庭教育和学校教育本是一个有机整体，各有利弊，应互为补充。但部分家长觉得，自己既然花了钱把孩子送到了学校，学校就应该包揽孩子所有的教育内容，而自己就可以理所应当地从孩子的教育职责中脱身——这其实是一种极大的误区。学校能提供的教育内容是有限的，家庭教育的重要性不容忽视。下面这个表格可以帮助我们对家庭教育与学校教育做一个理解和区分。

表 8-1　家庭教育与学校教育特点的比较

	家庭教育特点	学校教育特点
对象	个体教育，注重针对孩子个人的培育	整体教育，注重对学生群体的整体教育
特点	个性化教育，针对孩子不同的天赋、性格和需求施教	标准化教育，按标准化流程、统一的教育体系施教

续表

	家庭教育特点	学校教育特点
内容	人格教育、习惯培养、素质教育	知识传授、技能培养、应试教育
目标	让孩子拥有健康的心态、良好的行为习惯、为人处世的方法和获得幸福的能力	完成当前阶段的知识、技能传授，全面提升"德、智、体、美、劳"，并通过教育体系的应试筛选
时长	长期、终生教育	短期、阶段教育
方法	重"身教"	重"言传"

　　由此可见，家庭教育主要是为了挖掘和发扬孩子的天赋潜能，培养孩子的性格人品、行为习惯而进行的长期、个性化培育过程；而学校教育则是在统一的教育体系下，针对某一阶段的教育目标（如应试）而进行知识、技能的传授和练习，是对学生群体"德、智、体、美、劳"及各方面知识、技能的全面提升。

家庭教育的内容

对于家庭尤其是企业家家庭来讲，家庭教育的缺失可能导致孩子无法形成良好的行为习惯，延续创一代开拓、勤奋和节俭的诸多品格，并在为人处世方面有所欠缺。大多数孩子并不缺失学校教育，而容易缺失家庭教育。

那么，家庭教育都有哪些内容呢？家庭教育是一项很大的专业性课题，涉及孩子心理、性格及成长的方方面面。在这里，我们主要为大家讲解与财富传承紧密相关、相辅相成的部分。

（一）文化观念及家族精神

每个家族或家庭，都有自己所秉承的文化观念和家族精神，或是日常生活中点点滴滴的默示规范，或是书面化、体系化的家教教训，这些都是家族的"无形资产"，在金钱、财富这些"有形资产"下，更深层次地影响着家庭成员的行为习惯和价值观、人生观。

文化观念和家族精神，是家族过往经历的提炼和升华。每个家族都有自己的历史：或是白手起家的艰辛创业史，或是从农村到城市的奋斗打拼史，或是坚守一方土地、雕琢一门手艺的"工匠精神"传承史。身为家族中的长辈，我们可以有意识去回顾和搜集这些家族的过往经历，形成自己的"家族故事"，并代代相传。从家族故事中，我们还可以提炼出家族成员们身上的闪光点和优良品质，或是某些经历带来的经验教训，供后代们学习和借鉴，这些也就可以成为我们的"家族精神"。

就如同国家精神需要用法律或法规条款来落实表达一样，家族精神也需要用家教、家训来具体化。家教家训对于孩子的教养行为、做人原则都会产生重要的约束作用。比较常见的家教家训，通常会涵盖以下几个方面：

1. 法规底线教育

法规底线教育，即遵守社会基本规则、严守法律底线的教育。规则底线教育对孩子的社会化、自我约束、人格的形成以及道德品质的培养都有促进作用。

这项教育的基本内容主要有：

第一，讲清各项基本规则、社会制度的要求，以及遵守纪律、恪守底线的意义；提高孩子的法律、规则意识，养成遵守规则纪律的习惯。

第二，培养孩子的自制力、自我约束力，锻炼其意志品格。

第三，以身作则，为孩子做出榜样。

2. 感恩孝亲教育

懂得感恩是一个健全、强大人格的基础，也是一种深层次幸福感

的来源。通过感恩，不仅能让自己感受到满足和幸福，也能让周围为他所付出的人感受到幸福和欣慰。时常感恩父母亲人、感恩祖国社会、感恩自己拥有的一切，是一种非常好的保持心理健康的习惯。

对于经济条件好的家庭，物质极大丰富，孩子从小衣食无忧、甚至养尊处优，如果缺乏感恩教育，孩子很容易觉得一切都是理所当然的，不懂得珍惜和感恩，更不理解父辈奋斗的艰辛和良苦用心。这样既不利于自己的心理健康，也不利于与他人交往和融入社会。

感恩教育除了言传身教，我们还可以通过日常"感恩练习"来进行。例如，家庭聚会时，让家庭成员依次回顾家人们为自己和家庭提供过什么帮助，并表达感谢；日常写日记时，让孩子定期回忆长辈们为自己做过的点点滴滴，并表达感谢……这类感恩练习，能够潜移默化帮孩子养成感恩的习惯，并长期提升孩子的幸福感和心理健康程度。

3. 诚信品德教育

从小培养诚信的品德对孩子一生的健康成长，树立正确的人生观、世界观、价值观都有重大意义；这也是孩子日后融入社会，与他人顺利进行协同、合作的品质基础。"人以信立"，人无诚信便无立身之本。这方面的教育，可从以下几方面来进行：

第一，对家人、师长、同学和朋友真诚正直，做到言而有信。

第二，对学习，知之为知之、不知为不知，不弄虚作假、不吹嘘。

第三，对自己言行一致，不欺骗说谎，主动承担责任和错误，知错能改。

4. 公德文明教育

公德和文明是人们在长期的社会交往中所形成的道德行为规范的

要求，它在社会生活中具有调节人与人之间关系、调节社会风气的作用。对孩子的公德文明教育不仅是孩子健康成长、人际交往和将来能否正常融入社会的需要，也是保证家庭幸福的需要。其内容主要包括：

第一，思想方面，教育孩子尊重他人、关心他人、遵守公共秩序、爱护公共设施，提高孩子的道德水平，并树立待人诚恳、谦虚、助人为乐的思想。

第二，语言方面，教孩子学会文明语言，在公共场合遵守公德纪律，做有德行的公民。

第三，行为方面，培养孩子磊落大方的行为举止。从日常行为细节培养孩子讲文明、懂礼貌、守公德。家长也应从思想、道德、情操和行为气质上，都能成为以身作则的好榜样。

5. 勤俭奋斗教育

勤俭奋斗教育，指有关吃苦耐劳、克勤克俭方面的教育，是对孩子金钱观、消费观和奋斗观的教育。几乎所有的"创一代"都具备勤俭奋斗的精神品质，而"创二代""富二代"们如果无法继承其父辈的精神品质，则很难延续家族的事业，甚至可能将先辈辛苦累积的家业毁于一旦。

司马光在给儿子的家训《训俭示康》中写道："由俭入奢易，由奢入俭难"，"俭能立名，侈必自败"。曾国藩在教育孩子的《家书》中写下："天下古今之庸人，皆以一'惰'字致败"……早期名士都认识到了勤俭奋斗对于一个人所能达到的高度有着至关重要的作用，都以此教育和勉励自己的孩子。

在家庭教育中，我们要让孩子明白幸福的生活、良好的物质条件都来之不易，不能肆意挥霍，或铺张浪费；其重点在于培养孩子吃苦

耐劳的精神、养成勤俭节约的习惯。家长自己也要做好孩子的表率，并从子女小时抓起、从小事抓起。

6. 实践创新教育

实践创新教育，是对于孩子行动力和开拓力的教育。在当前社会，无论是创业还是打拼事业，这些都是非常重要的品质。我们要教育孩子有勇气去行动，战胜自己内心的恐惧，并克服外界的艰难险阻，在尝试中不断探索前进。

在日常生活、学习中，家长应鼓励孩子勇于探索和创新，主动承担重任。要帮助孩子区分勇敢和鲁莽。鲁莽是一种不问情由、不顾后果、不辨是非的盲目行动，而正确的行动有着明确的目标，且是在周密的思考过后才进行的。

我们可以运用正面鼓励与强化的方法，来对孩子进行这方面的教育，例如：

第一，鼓励孩子独立思考，不要墨守成规。培养孩子创造性思维能力；为了达到某一项有意义的目标，去积极探索一切可行的路径。

第二，鼓励孩子积极行动。有好的想法和创意，鼓励孩子去实践和尝试，不怕失败；失败本来就是人生的常态，只要不断总结和改进，我们就离目标越来越近。

（二）儒家"五常"和财商"五德"

美国财政部将财经技能分为用钱、挣钱、保钱、投钱和融钱五个方面；西南财经大学财商研究中心将美国的"五钱"与我国传统文化中的儒家"五常"相结合，创设了"五德财商"体系。

其中，儒家"五常"，即仁、义、礼、智、信，其含义可大致概括为：

仁：仁者爱人，有慈惠恻隐之心。

义：义者达人，有成就他人之能。

礼：礼者安人，有趋福避祸之法。

智：智者知人，有知人善用之智。

信：信者立人，有真人真言之行。

而五德财商体系，遵从的是"厚德载物、以行积德、以德驭财"，将传统的"五常"，与财经技能的"五行"相互对应，并以"五常"标准作为财经行为的目标、标准和积累财德的源泉，具体来讲就是：用钱之德源于仁，挣钱之德源于义，保钱之德源于礼，投钱之德源于智，融钱之德源于信。

1. 用钱之德源于仁

使用财富时，要能同时满足自己和他人的正当需求，才符合仁的标准，才能积"用德"。盲目消费、铺张浪费和攀比消费等行为，都只会徒增自己和他人的经济负担，害人害己。用钱时，对他人、对自己、对万物，都要有一颗慈悲恻隐之心，让财富造福于己、造福于人、造福于社会。

2. 挣钱之德源于义

"聚天下之人，不可无财；聚天下之财，不可无义"，"义在利先，以义取利"。这些都说明必须讲"义"，才能积"挣德"，才能长久地挣钱聚财。有大义，方能聚大财；不义之财不仅不可取，相反可能意味着灾祸的来临。

反观现在很多黑心商家案例，例如食品中的地沟油、三聚氰

胺，保健品的虚假宣传等，都是通过损人手段来获取不义之财，这种"不义"严重损害了他人的合法利益。所谓"多行不义必自毙"，有损挣德的赚钱方式，那只是给自己挖了个"财富"的陷阱，势必成为自己的掘墓人。

3. 保钱之德源于礼

"打江山易、守江山难"，获得财富之后，如何防止财富的显性和隐性损耗或贬值，如何避免受骗、上当、投资失误、使用不当等多种风险，就要求我们对财富、对财富的使用必须抱有必要的敬畏之心。

财富面临的风险多种多样，大千世界纷繁复杂，我们不懂的、不知道的，相比我们真正能掌握的实在太多了。对我们不懂的东西，必须学会客观对待，用敬畏的心态待之以"礼"，在使用财富时，做到"有礼、有利、有节"，对可能的风险，提前做好规划和应对措施，将风险化解于未然或萌芽状态，这就是保钱之德背后的"礼"。

4. 投钱之德源于智

我们要将现有的财富拿出去投资获利，就需要运用我们的智慧。

人一旦有了钱，各种拉投资的都可能会前来游说，如果头脑一热，就很容易陷入自己完全不了解的领域。"隔行如隔山"，进入一个新领域常常需要先交"学费"，这也是难免的。许多投资失败，都是因为不知、不明、不畏而造成的。投资不用"智"，缺乏投德，无异于"盲人骑瞎马，夜半临深渊"，稍有不慎，就可能将我们辛苦积累的财富毁于一旦。

"知人曰明，知己曰智"，这就是说投资之前必须首先了解自己的需求，不能被他人、被市场牵着鼻子走，失去了投资的"初心"。

"明"和"智"，也就是"知己知彼"，既要明确自己的投资需求、投资目标，坚持自己的投资理念，又要能真正了解所投资的项目、对象，使用到的人才和相应的工具。

5. 融钱之德源于信

"人以信立"，而资金融通，更是无信不融、无信不通。缺乏基本的真诚和诚信、没有良好的信誉、没有融德，人们岂敢将真金白银托付给你？

有融德的人首先要说"真言"并"守诺"，做到"言必信、行必果"；其次要做"真人"，即为人真诚、不欺骗别人；再次，要具备取信于人的能力、实力，以及积累的信用和口碑。当然，这些都需要长期培养，在商业活动和社会交往中日积月累才能做到。

只有积累了足够的"融德"，才可能获得资本的力量，充分利用金融的"杠杆作用"，提升自己的投资效率和扩大财富的范围。在现实生活中，一项最基本的工作就是维护好自己的征信记录，这是"融德"的最低标准，一定要格外注意。

精神文化传承与管理的纲领性工具
——家族宪章

现今,很多高净值的企业家家族开始运用"家族宪章"这种新的形式,作为家族精神文化传承的纲领性工具。

(一)什么是家族宪章

提到宪章,很多人会想到宪法。家族宪章,确实就如同一个家族的基本法,所以,也被称作"家族宪法"。家族宪章的基本目标,就是解决家族财富顶层规划的四个问题:家族治理、家族企业的治理、有形财富和家族精神的传承。

实际上,家族宪章并不是一个法律术语,而是在进行家族财富传承顶层规划时,由专业人士为其量身定做的整体解决方案中的一个纲领性文件,用来确定其家族的财富保障和传承的基本原则,以规范和约束家族成员的相关行为,避免不必要的家庭和家族纷争。

（二）家族宪章的特点

家族宪章是家族成员按家族议事规则共同议定形成的正式文件，具有以下四个特点：

一是宣誓性。家族宪章是由家族成员共同达成一致、同意遵守后签署的，宣誓遵守家族宪章，是每个家族成员的基本义务，也是家族成员获得宪章认可的家族身份和相关权利的基础和前提。从这个意义上讲，不愿意宣誓承认家族宪章，将意味着不被家族接受为正式成员。

二是正式性。家族宪章是一个家族的正式文件，一般签署时都会有正式的签署仪式，以示严肃和庄重。宪章一旦签署，就不得轻易改动，如果需要修正，必须重新召开家族会议，讨论后按家族章程的规则才能调整和修正。

三是非强制性。不同于具有强制性的国家法律，家族宪章主要讲求契约精神，更多是靠家族成员自觉遵守。对于不遵守的家族成员，家族宪章很难像法律那样强制执行，而更多是靠身份认定、家族机会、家族财富分配等手段来间接执行。不过，如果我们想要让家族宪章具有法律效力和约束力，也可以把其中的内容以公司章程或协议的方式落地，比如签订为正式的协议，就会在合法的范围内，受到《民法》等法律的保护，从而具备一定的强制执行能力。

四是综合性。由于家族宪章没有强制性，其执行就需要其他配套工具来组合使用。在家族宪章中可以规定，一旦触犯了哪些条款，就意味着丧失继承权等，通过配套的基本工具如保险、家族信托等综合使用，以使其更加有效、具有更强的执行能力。比如，在家族信托的受益条件约定中，就可充分体现家族宪章的相关要求，使二者高度一

致、相得益彰，无疑有助于提高家族宪章的威慑力和权威性。

（三）家族宪章的主要内容

虽然不同家族的家族宪章不尽一致，具体内容上也没有统一规定，但总体来讲，一般包括以下六个方面：

一是家族简史，即简要叙述和介绍家族的演变、脉系和主要人物等。

二是家族成员的范围和族谱，对于姻亲和血亲的权利义务分别进行约定。

三是家风和家训，即家族理念、精神和文化方面的特色与要求。

四是家族资产传承的原则，包括家族资产的运作、管理和分配原则（奖惩机制）。

五是家族治理和家族事务管理，如设立家族委员会，以及家族委员会的遴选、组成、职权、议事规则、所议事项等。

六是家族企业的治理，如家族企业的所有权与经营权，家族成员所持企业股权的转让、变更，家族成员参与企业经营管理的相关要求等。

上述六个方面的内容组成一个完整的整体，其中，家族理念、文化和精神，以及家族治理和家族企业治理是重点和核心，要注意不同内容之间的协调性和一致性，不能出现自相矛盾或不严谨等问题；此外，还要注意不能违背相关法律或与法律存在冲突，否则，会影响到家族宪章的实施和有效性。

（四）家族宪章的制定流程

家族宪章一般是委托律师等专业人士协助制定。制定的流程主要有以下几步：

第一步，深入沟通，达成委托。一般情况下，客户很少会单独制作家族宪章，而是做一个家族财富传承的整体规划方案，家族宪章只是其中一个提纲挈领的文件。如果当作专项法律服务来做，家族宪章最后可能就束之高阁了，解决不了家族的传承问题。

第二步，接受委托后，要对客户的财富进行调查。包括传承目的、传承心愿和愿景，形成一个财富风险报告和家族传承规划的初步建议。

第三步，梳理传承目标，以及客户希望在家族宪章中落实的原则。在整体的家族财富传承规划方案定稿之后，起草家族宪章以及其他的配套性文件，比如遗嘱、夫妻财产约定、代持协议等。

第四步，家族宪章签署落地。另外，在家族宪章签署仪式上，可以将很多配套文件同时签署，比如遗嘱、赠予协议、夫妻财产约定、代持协议等。

（五）家族宪章的配套工具

家族宪章是纲领、蓝图，是家族财富顶层规划的体现，但是家族宪章需要依靠配套工具落地执行，实现它的传承目标。家族宪章的主要配套工具有六种：

第一，家族委员会议事规则。如果议事规则不是很复杂，可以直接体现在家族宪章的正文中；如果比较复杂，可以作为家族宪章的附件。为了避免家族内部的议事低效率，可参考《罗伯特议事规则》来制定。

第二，家族成员传承契约，是家族宪章中有法律约束力的内容，体现整个家族成员的传承原则以及权利义务，也称为家族成员框架协议。

第三，传统传承工具，包括遗嘱、赠予协议、夫妻财产约定等。

第四，家族企业章程调整。针对家族企业治理中的个性化规定，我们还要对家族企业的章程进行调整。比如，有限责任公司的注册资本出资比例、表决权比例、分红比例，完全可以独立形成各自的传承逻辑。

第五，接班人培养机制/高管团队股权激励机制。

第六，工具运用，包括遗嘱、家族信托、人寿保险等，具体内容我们在之前章节都有介绍。

家族宪章是家族传承的纲领性文件，整合了企业治理、家族治理两大系统，同时对家族财富中的三类资产进行了梳理和传承，最终实现家族财富传承的总体目标，因此，其制定和签署都须慎之又慎。

财教授实操课堂:
我的家庭、家族与家教和家训

（一）提炼家族精神

家族精神和家规家训，是一个家族宝贵的"无形资产"，对于形成家族凝聚力、提高家族认同度和增强家庭荣誉感，都有着非常重要的作用。身为家族中的长辈，我们可以通过回溯家族的历史，回顾自己的家族故事、提炼家族精神，并制定属于自己家族的家规家训，以惠及后人。而对于已经有着较为清晰的家族故事、家族精神和家规家训的家族，我们可以在此基础上，进一步完善相关内容，让其更贴合当下时代的发展需要。

我们可以借助表 8-2，来帮助我们回顾家族故事、提炼家族精神、制定家规家训。

表 8-2　家族故事、家族精神和家规家训的引导填写表格

内容		填写
家族故事	在您的家族中，从您开始往上三辈人各自都是做什么的？他们一生的轨迹大致是什么样的？	
	您这一代及前面三到五代人中，发生过哪些改写家族命运或轨迹的重大事项？	
家族精神	从上面的家族故事、人生轨迹和重大事项当中，有哪些经验可以借鉴，或者有哪些教训是可以汲取的？	
	在上面的家族故事和重大事件经历中，家族中的长辈身上体现出了哪些优良的品质是值得后人学习的？	
家规家训	从上面的家族精神中，我们把想要让后人借鉴的经验或教训，总结成警示性的家规家训。	
	家族中长辈们身上的优良品质，我们可以总结成激励性的家规家训，让后人效仿学习。	
	准备如何在后辈中开展家训教育？有哪些具体要求？如果达不到要求，有何惩罚措施？	

（二）家庭教育规划

对于后代的家庭教育规划，需要结合家族精神文化，并针对孩子的实际情况有所侧重地进行。必要时，我们可以请教育学、心理学方面的专业人士，协助我们制定孩子的家庭教育规划。表 8-3 中的内容可以帮助我们思考这一问题。

表 8-3　家庭教育规划

	内容	简要分析
子女分析	孩子的优势和长处	
	孩子的缺点和短板	
目标解析	期待达成的家庭教育目标	
	要达成目标可以借助的方法途径	
制定计划	短期安排	
	长期计划	

家族精神财富传承口诀

物质传承管温饱，精神传承靠家教；

先辈打拼实不易，家族故事要知晓。

家庭教养育人格，不能完全靠学校；

以身作则树榜样，父母引导不能少。

家庭企业管理难，家族宪章有功效；

家规家训立规范，家族精神永不倒。

◀ **五德财商之本章财德**

投钱之德源于智

投德： 对于家族来说，精神财富的传承有时比物质财富传承更加重要。很多事业有成的企业家、金领，几十年如一日地把大部分时间精力都倾注在自己的事业上，很容易忽视对孩子的教育，由此产生了一大批无法继承父辈企业的游手好闲的"富二代"，甚至将家族产业毁于一旦的"败家子"。同样的时间精力，与其全部投注在"赚钱"和"进攻"上，为何不分出一小部分到"延续"和"防守"上？用智慧去平衡人生的天平，加强对后代的精神传承教育、对家族精神维系的重视，也是高瞻远瞩投德的表现。

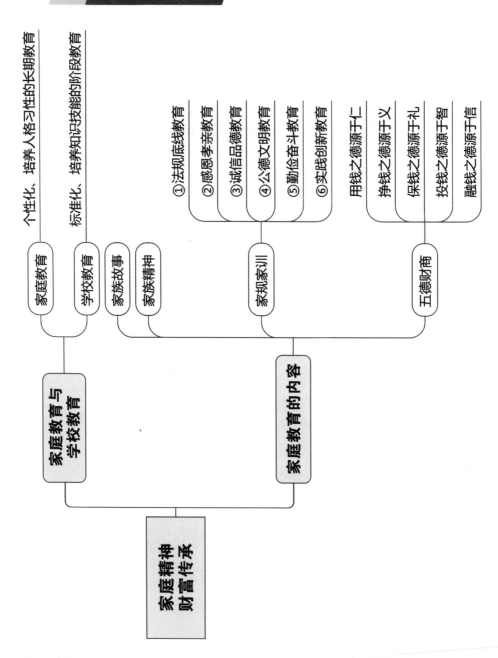

家庭教育与学校教育
- 家庭教育 —— 个性化，培养人格习性的长期教育
- 学校教育 —— 标准化，培养知识技能的阶段教育
- 家族故事
- 家族精神

家庭教育的内容
- 家规家训
  - ①法规底线教育
  - ②感恩孝亲教育
  - ③诚信品德教育
  - ④公德文明教育
  - ⑤勤俭奋斗教育
  - ⑥实践创新教育
- 五德财商
  - 用钱之德源于仁
  - 挣钱之德源于义
  - 保钱之德源于礼
  - 投钱之德源于智
  - 融钱之德源于信

家庭精神财富传承